創れ！作らずに

大塚英樹

イノベーションを背負った男、
リコー会長・近藤史朗

講談社

はじめに

若い頃から、社内では歯に衣着《きぬ》せぬ、ずばずばものを言う「生意気な奴」と評された。相手が上司だろうと誰であろうと、納得できないような話を聞くと、黙っていられない。ファクシミリ開発部隊のプロジェクトの発表会の席などでもよく手を挙げて発言した。そのため、同僚との軋轢《あつれき》は絶えず、上司からは睨《にら》まれ、時に「罰」を食らった。

しかし、開発・設計の仕事では、上司にどんな目標や課題を与えられても、決して「ノー」とは言わなかった。課題を克服し、目標を達成するために心血を注いだ。何日も会社で寝泊まりすることも厭《いと》わなかった。言うことは言うけれど、やることもしっかりやる。口八丁手八丁で、ときどき茶目っ気を出した。「永久技師長」の称号を持っていた2人の大先輩に可愛がられ、「人間」の生きざまなどを教わった。

22年間開発に携わったファクシミリでは、やがて開発部隊のプロジェクトリーダー（PL）となり、発売した製品が爆発的にヒットし、業績不振に陥《おちい》っていた会社を救った。

その後、社運を賭けたデジタル複写機の開発を任された。ここで革命的な商品「imagio MF200」を世に送り出して大ヒットさせ、会社の複合機の販売シェアを業界トップクラスに引き上げた。

男は、デジタル複合機を世に送り出したのを機に、47歳のとき、開発から生産、販売サービスに至るまでのビジネススキームを再構築し、企業風土を変えた。周りがアナログの発想に染まっている中、いち早くデジタル時代の到来に対応するため、構造改造を断行し、業績不振の会社を立て直し、世界に自社の存在感を知らしめたのである。

こうして一人のサラリーマン技術者だった男が、組織の階段を上り詰め、57歳で社長になった。社長になっても開発精神は衰えるどころか、むしろ旺盛《おうせい》になる。

持ち前の事業家精神を発揮し、画期的なテレビ会議システム、インタラクティブ ホワイトボード（電子黒板）、超短焦点プロジェクター、全天球カメラと、次々とイノベーションを起こす。いずれも、「作業の場」から「知識創造の場」へとシフトする「オフィスの未来」に向けて開発した革新技術である。

男は、今後は、事務機を作る会社から、デジタル化・ネットワーク化による「知識創造オフィス」へのソリューションを提供する会社に変える、と宣言するに至るのであった。

この本は、会社を変えた一人の技術者のビジネス人生を描く本である。男の名は、リコー会長・近藤《こんどう》史朗《しろう》。

リコーという会社において、彼の構想は、会社をモノ作りの会社から「モノ＋コト」の情報コミュニケーションサービスの会社に変えることだった。その構想の実現に彼が疾走《しっそう》し始めた矢先、リーマンショック（2008年）、東日本大震災（2011年）、福島第一原子力発電所の事故（2011年）、タイの洪水（2011年、2013年）、急激な円高と、次から次に災難が押し寄せてきた。その間、彼はいくつもの壁を乗り越えて、会社を変えていく。

近藤は、幼少期から「秀才」といわれるような類《たぐい》の人ではなかった。学生時代は、自由奔《じゆうほん》放《ぽう》に過ごしたが、どちらかといえば目立たない人間であった。そうした青年が、最後には大企業の経営者になったのである。

なぜ近藤は、経営者に育つことができたのか。

それを描くのがこの本の狙いだが、結論を先に言えば、「好奇心」と「あくなきイノベーションへの挑戦心」を持っていた彼の資質、そして、優れた先達の背中を追いかけ、時代の激流に育てられたという環境、さらに近藤の人となりがその根底にあったといえる。

近藤は、高潔な人である。努力する人で、無私の人である。人前で必要以上のパフォーマンスをすることはもちろん、目立つこと、派手なことをするのを好まない。近藤が講演を行ったり、マスメディアのインタビューを受けたりするのは、企業全体のリーダーであり、経営トップとしての使命感からである。

近藤は、自然を愛する。学生時代から山登りが好きで、多くの名山を踏破している。また、休日は元教師の夫人と共に、自宅近くに借りている畑で野菜作りに打ち込む。

近藤の人となりは、「率直」「誠実」「闘魂」、そして「情に厚い」。近藤は、若いころから上司や同僚とぶつかることが多々あったが、最後は対立した相手と酒を酌《く》み交わすような関係になっていく。

また、近藤は愛嬌《あいきょう》がある。憎めない。技術者をはじめ多くの社員がフォロワーとなって彼についていくのは、そんな彼の人間的な魅力を知っているからだろう。

私がこの本を書こうと思った動機は、浜田広《はまだひろし》との関係に遡《さかのぼ》る。

浜田広といえば、社長を13年、会長を11年務めたリコーの中興の祖として知られる。私はフリーランスになって間もない1984年に浜田と出会い、以来、会食を重ねるなどして親交を深め、2002年には『浜田広が語る「随所に主となる」人間経営学』(講談社)を上梓《じょうし》した。そんな浜田との関係から「近藤史朗」の名を耳にし、以来、私の頭から離れなくなった。

1991年、浜田率いるリコーは、業績不振で、苦境に喘《あえ》いでいた。それを救ったのが、近藤が開発した製品であった。プロジェクトリーダーとして開発したファクシミリ「リファクス100L」「200L」はトータルで、全世界で80万台近く売れる大ヒット商品となった。その後、近藤は、前出の世界的ヒットとなったデジタル複合機「imagio MF200」を開発、全世界に70万台を販売する。一モデルの複写機の販売台数としては、当時世界的な記録となった。

それを機にリコーは、経営を健全化させ、持続的成長を遂《と》げた。

私は、リコーの救世主的存在となった、開発責任者の近藤に会ってみたいと思うようになった。大ヒット商品を生んだ近藤とはどういう人物なのか――。

だが、面談が実現したのは、ファクシミリの成功から15年近く経ち、近藤が社長に就任して間もない2007年になってからのことだった。会うや、「僕より1つ年下ですよね。ああ、よかった。年上なら敬わねばなりませんので」と、近藤は顔をくしゃくしゃにした。

現在、日本のエレクトロニクス産業は、すっかり中国・韓国勢に押され、シャープに至っては、台湾企業に買収されるという状況が生じている。原因はただ一つ、日本企業が画期的なイノベーションを起こせていないことにある。

日本の先端技術産業はこのまま沈没してしまうのだろうか。あるいは蘇生する可能性はあるのだろうか。企業がイノベーションを行うためには何が必要なのか。また、どうすればイノベーションを起こしやすい環境ができるのだろうか。イノベーションを起こすには経営者は何をすべきなのか。

そんな視点から、革命的な製品を送り出し続けてきた技術系経営者・近藤史朗のビジネス人生を振り返ると、現在、現場で苦闘する日本の企業人が学べる材料があるのではないかと考えた。

本書の出版に際しては講談社第一事業局企画部の柿島一暢氏に多大なるご支援を賜り、また、担当編集者の村上誠氏には、貴重なアドバイスをいただいた。心から感謝申し上げたい。

なお、末尾ながら、本書に登場した方々の敬称はすべて略させていただいた失礼をお詫びしたい。

2016年12月

大塚英樹《おおつかひでき》

作らずに創れ！

イノベーションを背負った男、
リコー会長・近藤史朗

目次

第2章　世界を席巻した「imagio MF200」

第3章　作らずに創れ！

第4章　「千年に一度」の激動期を乗り越えて

第5章　未来起点で考える——「モノ＋コト」のイノベーション

終　章　なぜいま、「近藤史朗」なのか

作らずに創れ！

イノベーションを背負った男、

リコー会長・近藤史朗

第1章

風雲児、デジタルに挑む

貧しかった少年時代

1949年10月7日、近藤史朗は、新潟県柏崎《かしわざき》市に生まれた。9人きょうだいの8番目だった。

生家は、第2次世界大戦前は地主で、地元では小作人を抱える農家として知られていた。だが、戦後はGHQ（連合国最高司令官総司令部）の指令で進められた農地改革（1947年〜）で土地を譲渡せざるをえなくなり、以後は細々《ほそぼそ》と農業を営んでいた。

終戦から4年。近藤が誕生した当時は、誰もが貧しくてたいへんな時代だった。米どころ新潟とはいえ、食糧難は深刻で、学校には弁当を持ってこられない子もいた。近藤家も例外ではない。近藤も、幼少の頃から家業を手伝った。そうしなければ食っていけなかったのである。

第1次ベビーブームの時期に生まれた団塊の世代である。近藤が通った小中学時代の学校の教室は、生徒で溢《あふ》れていた。一クラス55人以上、教室に生徒を詰め込む時代だった。

近藤は、あまり勉強はしなかったが、高校までは常にクラスで成績上位だった。得意科目は数学だった。

義兄（姉の夫）が東京都世田谷区で事務機の部品を作る工場を経営していたので、中学・高校時代は休みのときにそこでアルバイトをした。この工場は、リコーに製品を納入していた。

実は、のちに近藤がリコーに入社することになったのは、その影響もあった。

新潟大学工学部機械工学科に入学した近藤は、振動工学を専門に学んだ。

やがて就職を考える時期がきた。近藤はエンジンなどの内燃機関が好きだったが、ワンダーフォーゲル部に所属して山登りに熱中していたこともあり、そういう会社に行けるほどの成績ではない。そもそも起業家志望で、就職するつもりもなかった。

当時の新潟大学工学部の学部長が実家の近所の出身だったので、あいさつに行き、「就職しないで起業しようと思う」と言うと、「バカを言っているんじゃない、ちゃんと就職しなさい」と諭《さと》された。そこで就職担当の教授と相談し、子どもの頃から名前を知っていたリコーを選んで受けた。

リコーは、1936年に市村清《いちむらきよし》が創業した会社だ。市村清は、昭和初期から中期に活躍した日本を代表する経営者の一人である。近藤は言う。

「もともとリコーは、理化学研究所（理研）が生んだ会社です。理研の3代目所長だった大河内正敏《おおこうちまさとし》さんが、理研で開発した陽画感光紙（ジアゾタイプ感光紙）を製造販売する理化学興業の感光紙部長に市村さんを招聘《しょうへい》し、その部門を理化学興業から独立させ、市村清さんを創業者として1936年に理研感光紙株式会社を設立した。これがリコーの前身です。

大河内さんは新潟が好きで、柏崎に実用ピストンリングの製造工場を作りました。いまでも柏崎に理研ピストンリングという会社があって、僕の近所の人はみなここに勤めるんです。そんな縁もあったし、義兄のやっていた小さな工場がリコーと取引があったので、リコーを受けたんです」

だが、東京での就職試験の集団面接で、ある受験者が「企業というのは、ある程度公害を出してもしようがない」という趣旨の発言をしたことから、これに異を唱え、面接会場を討論会にしてしまう。実は当時、近藤は仲間とともに原子力の反対運動をする闘士だったのだ。

「これはもうダメだと思い、新宿で任侠《にんきょう》映画を観て新潟に帰りました。ところが、何を気に入ってくれたのか、合格通知が舞い込んだんです」

学部長に呼び出されて、リコーに受かったと報告すると、「僕がもっといいところを紹介してあげたのに」と言われた。研究室の教授からは、「なぜ大学に残ってマスター（修士課程）に行かないんだ」と言われた。成績が悪いのにマスターに残れと言われるのが、近藤には不思議だった。

未知の世界へ

１９７３年４月、近藤はリコーに入社した。２代目の舘林《たてばやし》三喜男《みきお》社長の時代で、新入社員のうち理系は全員が営業に研修に行き、文系は逆に工場に行った。

近藤が新人研修を受けたのは銀座営業所だ。当時の人数は40〜50人で、１年上の先輩が営業に同行した。

当時のリコーの主力商品は、「ＰＰＣ９００」という複写機だった（１９７２年発売の普通紙複写機）。だが、柏崎から出てきたばかりの近藤は、複写機やファクシミリのことなどまったくわからない。築地あたりを回り、「事務機を買ってくれませんか」と飛び込みセールスに明け暮れる日々が始まった。

しかし、鮮魚店の事務所に行ったら、「うるさい、帰れ！」と言われて水をかけられるような有り様で、営業成績は惨憺《さんたん》たるものだった。毎日、営業所に戻るたびに先輩に怒られ、〝死んだふり〟をして凌《しの》いだ。先輩のサービスに同行したときは、機械の中にヒートローラー（トナーを溶かして固定する機器）が入っていることも知らず、それを摑《つか》んで手を火傷した。

「もう、やってられない」

毎日、会社を辞めようと考えるほど辛い思いの連続だった。

「いま思えば、非常にいい経験をしました。あのときに飛び込みセールスをしていなかったら、のちにファクシミリの顧客を求めて世界中を歩いて回るようなことはしていませんね」

6月、近藤はファクシミリ部門へ配属となった。

当時のリコーは、アメリカのデイコム社から技術導入して、デジタルのファクシミリを製造しようとしていた。翌1974年4月に発売されることになる「リファクス600S」で、1台388万円もする世界初の平面走査一分機だった。

1973年4月には通信実験が行われ、人工衛星通信を使用して、アメリカとの国際間伝送に成功している。近藤が配属されたとき、すでに基本設計が終わり、最後の詰めの段階にきていた。近藤は、その開発プロジェクトチーム（PT）で、スキャナー（読み取り）部分の設計を担当することになった。

ファクシミリのことなど何も知らないのに、いきなり開発部隊に回されて困惑したが、これが勉強になった。

「リファクス600S」は、原稿の読み取り、データ処理、伝送、記録、システム制御のすべてをデジタル処理するものであった。加入電話回線に直接接続でき、それまでのアナログ方式では6分かかっていたA4判の原稿を1分で伝送可能という当時としては画期的な性能は、その先進性と相俟《あいま》って、業界他社に衝撃を与えるとともに、世界へ向けて大きくアピールした。

当時、原稿情報の読み取りは回転ドラム式が全盛であったが、「リファクス600S」では、ピンホール回転方式という新しい読み取り方式を採用した。ファクシミリに導入された初の平面走査方式であると同時に、リコーが1980年代において先鞭をつけたデジタル複写機の読み取り部の原型ともなった。

読み取った原稿のイメージ情報は、光電変換してビデオ信号にする。A4判原稿をアナログ方式の6倍の速さで伝送できる「1分ファクシミリ」の実現は、2ライン一括符号化方式によるデータ圧縮の技術および高速モデムに負うところが大きい。

画像定着はリコー〝伝統の〟湿式現像プロセスだが、デジタル信号から静電潜像を形成するプロセスは、ファクシミリに適したマルチスタイラスヘッド（多針電極）の開発・量産化の成功により、初めて現実のものとなった。

読み取り方式の技術革新はきわめて重要なターニングポイントになったといえる。

回転ドラム方式という従来の読み取り方式では、原稿を巻き付けた円筒ドラムを高速回転させながら、照明系と読み取りレンズと受光素子とを一体的に、ドラムと回転軸と平行に移動させていたため、読み取り速度に限界があった。ところが「リファクス600S」では、側面にピンホールを開け、回転中心位置にフォトセンサーを置いた回転ディスクを高速回転させ、原稿を読み取る方式が採用された。これが回転ピンホール方式だ。この方式では、平面原稿上の直線に沿う情報を、回転ディスク面の円筒面上の円弧に沿う情報に変換している。直線から円弧への変換という複雑な過程を一枚の球面鏡の結像作用のみで達成している点が優れていたという（『ＩＰＳへの道：リコー60年技術史』より）。

当時はまだアナログとデジタルの変換が必要な時代だった。近藤はこう振り返る。

「まだ、ＣＣＤ（電荷結合素子）イメージセンサーなどない時期ですから、高速に原稿を読み取ることは難しかったんです。高速で回転するディスク上に30ミクロンのピンホールを置いて、その回転軌道上に画像を結ばせ、その光をレンズ系でフォトセンサー上に結像させるのですから、これはたいへんなことでした。高度な機械精度と光学設計技術が必要でした。ものすごく勉強になりました」

失敗もあった。「こういうものを作ってください」と図面を書き、神奈川・厚木《あつぎ》の生産部門の担当者に渡したら、戻ってきた図面に「バカ」と書かれてあった。加工の限界を知らないで図面を書いていたからだ。「バカとはなんだ」と頭にきたが、こうした経験から、近藤はきちんとした図面を引くようになった。

「リファクス600S」のPTは混成部隊で、上司の原和幸《はらかずゆき》技師（のちに常務）は、いすゞ自動車から来た人だった。ほかに、松下電送システム（現パナソニック）から来た人、沖電気工業から来た人などがいた。新卒は近藤くらいだ。中途採用の猛者《もさ》たちに鍛えられる環境だった。リコーの生え抜きは9人くらいいたのだが、その後、会社に残った人は半分もいなかったという。

「何なんだ、この会社は」と思うような豪傑もたくさんいた。

たとえば原技師などは、昼にしか会社に来ず、来ると1時間くらい麻雀の話をしている。九州男児で不愛想、「男はべらべら喋《しゃべ》るな」という感じで、最初は近藤と口をきいてくれなかった。だが、原にしごかれる中で、「自分でいろんなことをもっとよく考えなさい」「高潔でいなさい」ということを学んだと、近藤は言う。

「この人の下についたのも、ある意味、僕にとってよかった。原さんは、僕から見て、完全に相手に押し込まれているなと思うようなときでも動じることがなかった。お金の使い方もきれいでした」

混成部隊ならではのよさもあった。

「混成部隊だから、たとえば『モデムって何なの？』と思うと、先輩がみんなして教えてくれるんですよ。教科書まで作ってくれる。あの当時のチームは分業でやっているんじゃなくて、みんな一緒くたにやっているから。それがよかった。僕は、そこで育ててもらったようなものですよ。ここでずいぶん鍛《きた》えられたおかげで、後々、エポックメイキングになるような商品に相当関わらせていただいた」

天才技術者・藤本栄との出会い

その頃、近藤は、「天才」といわれた一人の技術者に出会う。戦後ベストセラーになった二眼レフカメラ「リコーフレックスⅢ」を開発した技師長の藤本栄《ふじもとさかえ》である。

藤本は、近藤の父親と同い歳で、どこかのカメラ会社から引き抜かれたようだ。70歳になって海外の会社から誘いが来るほどの優秀な技術者だった。

近藤は、上司と喧嘩《けんか》すると、藤本の部屋に行き、一緒にお茶を飲みながら話をすることがあった。藤本は「ボケ防止のため」と言いながら幾何学の問題を解いており、部屋に行くと「近藤さん、この問題解いてごらんなさい」と言われてしまう。これには参ったが、近藤は設計のこと、生き方をこの藤本から教わった。

あるとき、いつものように藤本の部屋に行き、上司の悪口や不満を述べていたところ、「近藤さん、人に何をされたかと思う人生は寂しいですよ。何をされたかじゃなく、人に何をしてあげられるかと思う人生にしなさい。そうしないとつまらない人生になりますよ」と藤本に言われた。近藤は、この言葉にショックを受けた。

「それで上司とのストレスがなくなったわけではないが、自分と一緒に仕事をする人のことを、すごく考えるようになりました。いまでも、つくづく藤本さんの言う通りだなと思いますよ」

藤本は、近藤にとって「会社での親」のような存在。いつも頼りにし、いろいろなことを教わった。藤本は自分でカメラの部品をみんな作る。旋盤《せんばん》を使ったり、細かい部品を板で切って、小さい手作りの部品をいっぱい作ったりする。それで困ったときにずいぶん救ってもらい、本当に世話になった。「いい仕事をしようと思ったら、道具を作りなさい」という藤本の教えを、近藤はいまでも守っている。

後年、藤本は77歳のときに肝臓がんで亡くなったが、その1週間前まで会社に来ていたという。クリスチャンで、最期までモルヒネを打たず、ものすごい痛みの中で耐えていた。

近藤が村吉靖司《むらよしせいじ》という先輩とふたりで見舞いに行くと、藤本は「もうすぐ死ぬと思いますよ」と言うが、「痛い」とは決して言わない。「死の苦しみって、こういうことを言うんですね」「遠くから来てくれてありがとう」と言われた。

近藤は上を向き、涙をこらえようとしたが、涙がボロボロ出るのを抑えられなかった。

無敵の普通紙ファクシミリ

１９８３年、近藤はファクシミリ事業部技師補（係長）となった。33歳での係長昇進は、比較的早いほうである。

のちに副社長となる紙本《かみもと》治《はる》男《お》と出会ったのは、係長時代のことである。

紙本はあっけらかんとした人で、近藤が商品開発のリーダーとして「カートリッジの自動化ラインを作りたい」と話をすると、４億円ほど出してくれた。

その開発資金をもとに委託生産先の富山の某工場で自動化ラインを作った。後述の「リファクス１００Ｌ」という機種だが、これが世界中で大ヒットする。当時、「世界を席巻した無敵の普通紙ファクシミリ」といわれた。

近藤が「リファクス１００Ｌを１００万台売る」と言っても誰も信じなかったのに、実際に大ヒットすると、「あんなに儲《もう》かるものを、なんで自社工場ではなく、よその会社で作らせているんだ」という話が社内で出てきた。

近藤はムカッときて、「社内で誰も作ってくれなかったからですよ。金を出してくれたのは紙本さんですよ」と反論した。会社の上のほうでは、すっかり忘れていたのかもしれない。

「だからね、なんて言うかな、いい加減ですね」

「いま」のニーズを追って大失敗

1985～89年、近藤は、普通紙ファクシミリ「リファクス5100S」の開発設計で、初めてプロジェクトリーダー（PL）を務めることになった。

その頃のPTは、電子技術者も入れると40～50人の規模となった。年上の人も若い人もいっぱいいた。若い者が「私がやります」と手を挙げ、最終的には技師長や副社長が「おまえの思う通りにやれ」という流れだ。

「リファクス5100S」の開発設計には3～4年かかった。複写機で使っているカートリッジをそのまま持ってきて移植し、コントローラーやスキャナーを自分たちの技術で作った。現在の松浦要蔵《まつうらようぞう》専務などと一緒に、少ない人数で膨大な設計をした。

だが、満を持して発売した「リファクス5100S」は売れず、大失敗に終わった。

「一言でいうと、故障が多かった。制御が不安定なのと、電子回路が不安定なんです。当時はまだ、半導体が静電気に弱いとか、コンピュータがものすごくノイズに弱いといったことに気づいていなかった。静電気やノイズが起こると、コンピュータが固まってしまう、つまり、作動しなくなってしまうんです。もう一つは、ファクシミリ独特のソフトウエアの課題がたくさんあったことです。細かい基本機能ではないところに仕様があって、ファクシミリというのは、やっぱりソフトの非常な緻密《ちみつ》さが必要なんです。

なぜかというと、たとえばファクシミリで送信している間にどんどん着信が入ったりするからです。着信が入ったら、着信を待たせたり、いまやっている仕事を排除したあとに入れようとしたりとか、そういう調整みたいな機能がすごくたくさんあるんですよ。だから非同期になっちゃう。頭のいいコンピュータじゃないと対応できないんです。

複写機というのは、指定したら『1、2、3、せーの』と動くだけじゃないですか。ファクシミリというのは、そういうものじゃない。だからファクシミリの技術を複写機に載せるというのは、至難《しなん》の業《わざ》だったんです」

「複写機をマルチファンクション（多機能）にすると、プリンターが入ってくる、ファクシミリは入ってくる、他の機能も入ってくる。そうすると、ソフトウエアはたいへんな仕事なんですよ」

その一方で、営業部と激しいやりとりをし、彼らの言うことを容《い》れて作ったはずの「リファクス5100S」。しかし、営業マンたちは、品質問題や不安定性を理由に、近藤が期待した量を売ってはくれなかった。

この体験が、技術者・近藤の原点になったという。

「ええ、それが僕の原点となりました。結局、営業の人というのは保守的なんです。新しくても、少しでも不安定な製品を持っていってお客さんに嫌われたら、二度とそのお客さんのところに行けない。お客さんを失いたくないから、不安定なものは売らないのです。いまになってみれば、その気持ちはよくわかるんですが、当時は本当に理不尽だと感じ、『なんでだよ、僕はあなたがたの言うことを聞いて作っているじゃないか』と不満に思っていました」

「でも、考えてみると、営業が保守的になるのは仕方のないことなんですね。いまといういま、現在という現在を生きているわけですからね。僕ら開発の人間は、現在起点ではなく、未来起点で生きている。未来のニーズを想定して、新しい技術を製品に入れたいということでやってきているわけです。

その頃に僕は、営業の人たちは、商品をヒットさせるエッセンスを持っていない、ならば自分たちで未来のことを考えて技術を開発しなければダメだ、と決意したんです。やはり、開発者みずからが顧客の元に出向いて、その意見や要望を聞き、隠れたニーズに応える。そして、未来のニーズを考えていかなきゃダメだ、と考えたんです」

「その頃、山口晋五《やまぐちしんご》、斉藤裕一《さいとうゆういち》という優秀なエンジニアが送受信のバンク（オペレーション）切り替えを可能にしたのです。たとえば、送信しているときは受信を待たせ、逆に受信しているときは送信を待たせる。そして、送信が終わると一気に次の受信の機能に切り替え、その一方で、受信が終わると次の送信の機能に切り替えるというアーキテクチャーを考え、上手に制御できるようにしたのです。そうすると、受信しているときでもスキャナーは機能するため、送信する人は、スキャンを済ませることができるんです。

ただ、その技術だけでもまだパーフェクトではなかったですね。その後、メモリの値段が下がったので、ＤＲＡＭ（半導体記憶素子の一つ）の中に蓄積し、次の機能を待たせておけるようになって、ずいぶん楽になりました。ＣＰＵが８ビットの時代に、これだけの性能が出せたのは、この２人の功績でした」

「リファクス５１００Ｓ」の失敗で、近藤はとことん追い詰められた。開発に携《たずさ》わった商品がヒットしないことが、いかに悔しいかを思い知ったのである。

「リファクス100L」「200L」ヒットの理由

近藤が「リファクス5100S」の開発に挑んでいた当時、リコーは感熱紙のファクシミリを世界のマーケットシェア1位になるくらいに売っていた。だが、1991年、ベルリンの壁崩壊後のヨーロッパ経済の変調、日本のバブル経済のピークアウトと景気減退などからリコーの業績は著《いちじる》しく落ち込んだ。1992年3月期には、リコーは単独営業赤字に転落する。4代目社長・浜田広《はまだひろし》の時代である。

その頃に近藤が出会ったのが百武彰吾《ひゃくたけしょうご》である。近藤より8年後輩で、若い法人担当の営業上がりの〝企画屋〟が商品企画に参加した。彼は近藤に、「マーケティングとはこういうものだ」と専門的な知識を教えた。

「僕はそこで、マーケティングの〝マ〟の字くらいは学びました。最後は自分たちでエンジンを作ろうと考え、そこから自分たちのオリジナルの作像（カートリッジ）エンジンを作り上げたんです。そこに至るまで、僕は3回失敗しているんですよ。PTのメンバーとして1回、PLとして2回。ただ2回目の失敗は、それほど大きな失敗ではありませんでしたが」

1991年の業績悪化では、リコーは営業利益率が1・1%という状況にまでなった。業績悪化の要因の一つには、製品の開発費の膨張などもあった。近藤は語る。

「複写機やファクシミリ、プリンターの開発費が、ものすごくかかっていたんです。僕は、開発費を使いまくっていたのでわかるんです。複写機だけでもアナログとデジタル、それに加えてカラーの複写機も作らなきゃいかんという時代だったため、開発費がどんどん増えていったんですね。それで、ぜんぜん儲からなくなったということです」

「社長の浜田さんが、全役員に、条件を付けずにすべてを任せるという白紙委任状を出せとかね、いちばん追い込まれて苦しんだときです。開発費がかさんだうえに、デジタルがなかなか売れなかったから、経営はたいへんだったと思います」

そんな中、1992年、近藤は開発担当の第一線のPLとして、レーザービームプリンターを搭載した普通紙ファクシミリ「リファクス100L」(1月)、「リファクス200L」(6月)を開発・発売。これが、海外モデル「リファクス3000L」と併せ、大きなヒットとなった。「世界中に100万台売る」と近藤が宣言した数字には及ばなかったが、トータルで70

万〜80万台が売れた。このとき、高価なカートリッジも非常に売れた。

「あれでリコーは、ずいぶん潤《うるお》ったと思います」

なぜ、「リファクス100L」「200L」は大ヒットしたのか。

この商品は、コピーに使えるようなデジタルのハーフトーン機能に加え、プリンターのコントローラーやコピーモードも搭載していた。

いまと比べると、印字はあまりきれいではなかったが、ほかの会社がみな感熱式でロール紙の商品を作っているときに、トナーを使った普通紙ファクシミリで、そこそこきれいな印字を可能にしたのである。

さらに画期的だったのは、両翼を張らせないウイングレス構造だったことだ。

ファクシミリはそれまで、送信原稿スタッカーや記録紙カセットなどが、本体から両サイドに飛び出しているのが普通だった。それを、フロントオペレーションを採用するなどして、横方向に出っ張り（ウイング）のないコンパクトで省スペースの製品を実現したのである。設置面積でいえば、従来機より約40％小型になった。

のちに市場を席巻し、世界的大ヒットとなる「imagio MF200」の、コロンブスの卵ともいえるウイングレス構造の発想は、この「リファクス100L」「200L」ですでに実現していたのだった。

それまでにリコーは普通紙ファクシミリを2機種出していたが、いずれも両翼が張っているタイプだった。3つ目の製品で、ついに「3面壁ピタ」(背面や側面を壁にぴったりつけられる設計)になった。これなら、狭《せま》いオフィスのスペースを有効活用できる。

「浜田さんは100Lと200Lを見て、『この商品、いますぐ出せないか』と言いました。しかし、僕は、『いや、出せません』と言って、すぐお断りした。まだ、ソフトウエアの作り込みが不十分だったからです。そして、準備を整えて一気に売り始めたんです」

こうして、革命的な商品「リファクス100L」「200L」は、世界中でヒットした。

「発売当時、リファクス100Lが60万円、200Lが70万円ぐらいしましたが、ものすごく売ったんです。アメリカでは、マーケットシェア1位になったと記憶しています」

ファクシミリを普通紙にし、さらに両翼のないウイングレスにして大ヒットしたことで、ファクシミリに関するオフィスマーケットのコンセプトは大きく変わった。大規模オフィスから、徐々に社員2~3人の零細オフィスまで、リコーが契約を取っていった。

「普通のオフィスに入れる複合機の先駆けみたいなものですよ」

発売当時、リコーは品質問題が起きたり、ハーフトーン画質を搭載したライバル企業の製品に追い上げられたりして苦戦していた。

そこへ近藤が、「リファクス100L」「200L」をボーンとぶつけて大ヒットとなったのである。そんな中、浜田がわざわざ近藤のいる厚木事業所にやってきて、会うやいきなり近藤の肩をバーンと叩いて、「やったね、ありがとう」と言ってくれた。

「浜田さんはすごく喜びましたよ。肩を叩かれたときの心地よい痛みを、いまでも覚えている。そういうふうにしてもらうのは光栄ですよ。若いときに仕事をして、トップから『やったね』と褒《ほ》められるのは、すごく大きな経験なんです。それが自分の財産になるんですね。だからみなさん、偉くなっても偉そうにしないで、若い人をどんどん褒めてあげるのがいいと思います。もっとも、僕の場合は、部下を叱《しか》ってばっかりいて、ときどき先輩たちに怒られちゃうんですけれども」

こうして近藤がヒットの連発で業績立て直しに貢献したことが、のちにリコーが売上高1兆円から2兆円企業へと発展する起点となったのである。

上海での合弁交渉

「リファクス100L」「200L」、それに続く「3000L」の大ヒットを機に、近藤は社長の浜田と親しく話をするようになっていった。だが、好事魔多しで、「3000L」を出した後、PLとしての仕事がなくなってしまったのである。

「あの頃、ファクシミリ事業部では、普通紙ファクシミリがほとんど稼いでいましたから、目立ったんですね」

若造のくせに我がもの顔をして、そんなヒットメーカーはいらん、と周囲に疎《うと》まれたということだったのか。近藤はPLをやらせてもらえなくなった。そんな中で、社長の浜田や副社長の紙本から「中国・上海とのファクシミリの合弁交渉に行け」と言われ、近藤は上海へ飛ぶことになった。1993年のことである。

「(浜田さんに上海へ行けと言われたとき)僕は『直接、合弁の契約を取っていいんですか、本当に？』と聞いたんですよ。『取っちゃいますよ、取ったらたいへんですよ』って。当時は鄧小平《とうしょうへい》の改革開放政策で、政府との合弁事業が奪い合いになっていました。さらに商品に勢いがあったから、僕は自分で作った商品を持っていって、中国電信・上海公司の幹部に見せて、『これを作ります』と言った。それで合弁交渉に成功したんです」

しかし、合弁を成功させたあと、近藤には社内のどこからもお呼びがかからなくなった。実はその頃、上層部には、「近藤を複写機のデジタルに入れろ」という声が上がっていたのである。

むろん、近藤はそんなことを知る由《よし》もなく、「なんだよ、もう」とくさっていた。するとその年の末、分厚い複写機の仕様書を送ってくる人がいた。

「なんで俺にこんなものを送ってくるの？」

と言うと、みんなはニヤニヤ笑っている。どうやら周囲は、近藤が複写機部門に移ることを知っていたらしい。

転機——ファクシミリから複写機へ

1994年3月、近藤は、ファクシミリ事業部から複写機事業部の設計部門開発チームへの異動を命ぜられた。

「ファクシミリのヒット商品を出して、デジタルで全部モノ作りをして、非常にいい業績を出していたのに、突然、デジタルの複写機部門に一人で移されたんです」

「当時、ファクシミリ副事業部長だった小川睦夫《おがわむつお》さんが、ニコニコして言っていましたよ。『近藤君、きみ今度、複写機事業部に行くことになったよ』って。僕がいなくて大丈夫なの？って思ったくらいです。ファクシミリは自分が支えているんだと自負するあまり、少々調子に乗りすぎていたかもしれません」

当時、複写機はリコーの全売り上げの大半を占める基幹事業で、ファクシミリはわずか15％の弱小部門であった。つまり、「傍流」から「主流」への異動だった。

「複写機の人たちは、でかい面をして威張っていて、僕たちに工場なんか自由に使わせてくれないわけですよ。たとえばファクシミリのときに、『フレキシブルな感光体を作ってくれ』と言っても、なかなか作ってもらえない。何か技術開発をしようとしても、複写機がメインだからそちら優先で、必ずすごい抵抗があった。だから、『いつか、認めさせてやろう』というぐらいの気持ちでいたんです」

いわば、複写機部門は〝敵〟ばかり。その中に単身、乗り込んでいかなければならない、と思っていた。

「ショックでした、ムカッとしてね。複写機は敵だと思っていましたので、そこに行かされることに対して、非常に抵抗がありました。僕にはファクシミリ事業部でプリンターを作る夢があったから、なんだよって、がっかりした。それに、僕はファクシミリ事業部のある神奈川県厚木市に住んでいて、複写機に移るとなると、東京の大森《おおもり》事業所に転勤しないといけない。

それで、当時学校の教員をやっていた家内に、『もう辞めようか』と言いました。『こんなに一生懸命ファクシミリで頑張ってきたのに、外されるんだったら辞めようか』と。そうしたら家内は、平然と『辞めたら？』って言うんです。そう言われると、かえって辞められませんよね（笑）。

結局、辞めないで複写機へ行ったんです。せっかく1992年にファクシミリの中で自分の存在感というものを築き上げたのに、それを全部捨てて、一人で複写機に行って、それで新しいことにチャレンジしなければいけなかったということです」

複写機への異動は、ファクシミリ部門で「邪魔する奴がいっぱいいるな」と思いながらも、もっといい製品を出そうと思っていたのに足を引っ張られた、という感覚であった。

だが、この人事を発案した紙本は、炯眼《けいがん》だった。実は、紙本は「近藤を複写機部門に呼べ」と、近藤と同クラスの人間と一対一で人事交換していたのである。

「その頃の僕は、ファクシミリの開発の単なるPL。一匹狼だから、要は、ファクシミリ部門の中でも受け入れられていなかった。複写機に比べたら、まったく事業貢献度は低いし、傍流ですよね。でも、紙本さんや原さんなど数名のトップの人たちは、僕を見てくれていたんだと思いますね。

あとから考えれば、僕を飛ばしたわけじゃなくて、もっと広くて活躍できる畑を与えたのだろうと思います。でも、当時の僕自身は、そう思っていなかったんです」

紙本からすれば、「近藤、頼むぞ」という気持ちだったに違いない。

「僕が赴任《ふにん》して行ったら、紙本さんが部屋から出てきて、『オーイ、近藤史朗が来たぞ』と、部屋中に響く声で自分の周りにいる部長さんたちを集めて紹介してくれました。そのときに言われたのは、赤字のデジタル複写機事業を黒字にしてくれ、ということです。僕は甘く見たんですね。『わかりました、黒字にすればいいんですね』と答えました。それで頑張ろうという気になったわけでもなんでもなくて、単純に、自分がそういうプロジェクトをやって、ちゃんと仕事ができるということを周囲に見せたかっただけなんですよ」

当時、新商品の開発は3年くらいかかった。近藤は、「3年覚悟で商品開発をやり、一発ヒット商品を立ち上げればファクシミリに帰れるな」と思っていた。

近藤は、複写機の第1設計室の2グループのPLとなったが、デジタル複写機の開発のためにPT要員を引っ張ってくることはしなかった。「私がやります」と手を挙げ、自分で責任をもって立ち上げないと、早くファクシミリ事業部に帰るのは難しいだろう、と思っていたからだ。

「早くファクシミリに戻りたい一心で、引っ越しもしませんでした。厚木市の自宅から大森の事業所に毎日、車で通ったんです。なに、1時間以内で着きますよ」

引っ越しをしなかった理由はもう一つある。自宅のある厚木での釣りと畑仕事が自身の安らぎだった。それを捨てるのが嫌だったのである。

そのため、近藤は6年半もの間、毎日厚木と大森を車で往復したが、その後、平川達男《ひらかわたつお》副社長から「危ないから大森に住みなさい」と言われ、結局は単身赴任することになった。

「往復120キロあるから、車を3台潰《つぶ》しましたけどね」

苦闘のデジタル複写機開発

近藤のミッションは、「新しいデジタル複写機の開発」だった。当時まだ、リコーの複写機の主流はアナログであった。デジタル複写機の開発も手掛けてはいたが、コストが高く、マーケットでは苦戦していた。

その頃、リコーはデジタル複写機の「imagio MF150」を発売していた。MF150は、デジタル複写機としては1987年発売の「imagio 320」、「imagio 420」、1991年発売の「imagio MF530」に続く第3弾だった。1993年に発売された「MF150」は発売した年には、販売台数が月間平均5000台を超えたが、大ヒットには至らなかった。

しかし、アナログ機からデジタル機へのシフトに弾《はず》みがついたのは事実だった。この余勢を駆ってさらに市場を制覇するためには、より革新的な新機種が必要だ――。そんな思いを強くした上層部は、近藤に白羽の矢を立てたのである。

そこに至るまでのリコーの複写機開発の経緯をまとめてみよう。

1980年代初め、オフィスのOA機器の主役はアナログ複写機だった。リコーはこのアナログ複写機市場で、国内トップシェアを築いていた。しかし、その陰で、複写機に大きな変化の波が押し寄せていた。デジタル化、カラー化、システム化の波である。

1982年、リコーは、国内初のデジタル複写機「リコア3000」を発表し、市場開拓の先鞭《せんべん》をつけていた。しかし、リコアシリーズは特殊用途の業務専用システムであり、普及機ではなかった。

スピード、マルチファンクション機能、ネットワーク化……どの観点から見てもデジタル化を進めることのメリットは計り知れない。

そんなビジョンのもと、事業部長クラスが集まって、デジタル普及機の開発が決断される。一般のオフィスでもデジタル機器が当たり前になる時代がきっと訪れる。新しいコンセプトの複写機を作ろう。機運は高まった。

このプロジェクトには、アナログ複写機の開発に関わっていた若手技術者を中心に20人弱が招集された。ほとんどのメンバーがデジタルについてはまったくの素人であったが、迷いはなかった。

PTは、ファクシミリとの複合機にするというコンセプトを立てたものの、チームにはファクシミリに精通した人材がいなかった。そこで、「社内留学」という形でファクシミリ事業部に出向き、勉強した。

ＰＴは、この新しい複写機のコンセプトを具現化していき、１９８７年には開発は大詰めを迎えた。

だが、ゴールまであと一歩のところで、思わぬ壁にぶつかる。次のコピーに備えて感光体ドラムの表面残像トナーなどを取り除く作業が、どうしてもうまくいかないのだ。感光体へのトナーの付着力が弱いために、機内にトナーが飛び散ってしまうのが原因だった。対策に奔走《ほんそう》し、結局はアナログ機のバイアスローラークリーニングという仕組みを取り入れることで、トナーの飛散を抑えることに成功した。

こうして１９８７年５月、新しい複写機は、商品名「ｉｍａｇｉｏ　３２０」として発売された。日本初の普及型デジタル複合機だった。

しかし、販売面では苦戦した。１９８７年６６００台、８８年５５００台、８９年４５００台となかなか大きくは売れず、軌道に乗るに至らなかった。欠点は、２つの機能が同時に使えないことにあった。たとえば、ファクシミリを受信しているときはコピーが使えなかった。ファクシミリの機能自体も、以前のバージョンのものだった。それに加えて、価格が高く、一台１００万円近くもしたことが足を引っ張った。

続いて、リコーは「ｉｍａｇｉｏ　４２０」を投入したが、これも市場では苦戦した。顧客の声をもとに原因を探ると、３つの問題点が浮き彫りになった。

１つ目は最新のスペックが搭載されていないこと。当時のデジタル機は、画質においてはまだまだアナログ機に劣っていたうえ、編集機能も限定的なものだった。２つ目は、マルチタスクではなかったこと。「ｉｍａｇｉｏ ３２０」と同様に、ファクシミリ受信時にはコピーできないなど、ユーザーに不便を強いた。３つ目は、ある機能が故障を起こすと、マシン全体がダウンしてしまうという構造的な課題だった。

１９９１年、リコーは「ｉｍａｇｉｏ ＭＦ５３０」を投入した。紙のドキュメントを電子化し、データを蓄積する機能も搭載した。しかし、あまりにも高スペックを追求したため、コストが高くなった。高度な機能も、当時のユーザーには使いこなせないものだった。そのため、ヒットしなかった。

当時、リコーは、バブル後の景気減退の影響を受け、経営状況が悪化していた時期であった。経営陣は発表会に際し、「リコーはこれからデジタルで勝負していく。この『ＭＦ５３０』は、その象徴となる製品だ。発表会はお金をかけてきちんとやれ」と現場に発破《はっぱ》をかけたが、結果は散々《さんざん》だった。

翌１９９２年3月期、前述の通り、リコーは営業赤字に転落する。業績悪化に加えて、デジタル化のためのイノベーション投資も経営に重くのしかかっていた。当時社長だった浜田広は、のちに私にこう語っている。

「競合もやや遅れるぐらいでついてきていたので、とにかく先行しなくてはならなかった。当面の利益にこだわっていたら、そこで足踏みをして抜かれてしまったに違いない。デジタル分野は、新しい技術を取り入れた商品を他社に先駆けて展開することが大前提であり、鉄則である。経営の最も重要な原理原則にブレーキをかけるわけにはいかなかった」

それだけ力を注いだはずの「MF530」は、なぜヒットしなかったのか。

ターゲットは、社員が一人しかいない零細企業だった。売れない原因はその価格とサイズの大きさにあった。コストが高く、一台100万円近い価格であったこと、さらに、当時のデジタル複合機は大型で、スペースに余裕のないオフィスにはそぐわなかったのだ。

1993年、リコーは「imagio MF150」を投入する。「MF150」は当初、業界内部の評価は冷ややかなものだった。しかし、ふたを開けてみると、勢いよく立ち上がった。発売当年、販売台数は月間平均5000台を超え、リコーにとってデジタル複合機で初のヒットといえる商品になった。

これで、アナログ機からデジタル機へのシフトに弾《はず》みがついた。しかし、さらに市場に浸透させるためには、「MF150」ではスペックも品質も不十分で、第一コストが高すぎた。より革新的な新機種でなければ、市場を制覇できないことは、メンバーの誰が見ても明らかだった。

以上が、近藤が複写機へ異動するまでのリコーにおけるデジタル複写機開発の経緯である。

リコーを変えた近藤の「3つの決断」

1994年、近藤は、デジタル複写機部門へ異動し、「MF150」の後継機種、開発コード「ADAM」の開発プロジェクトのリーダーとなった。

「徹底的に新しいものを作ってやろうじゃないか」

そう発奮した近藤は、すぐさま数々の決断を下した。

決断の第1は、アナログの複写機の開発生産を全面的に中止し、デジタルに切り替えたことだった。デジタルに資源を集中させたのである。

「それまで僕が手掛けてきたファクシミリというのは、もとからしてデジタルなんですよ。中身も全部デジタル。ですから、開発の手法は、全部シミュレーションで作っていくという考え方。『こうすれば、こういう結果になる』と、想定してやってきている。設計そのものがシミュレーションという考え方ですから、複写機の人たちとは根っこから違ったんです」

入社以来20年、ファクシミリの開発一筋に携わってきた近藤は、デジタル技術に精通していた。ファクシミリの技術はすべてデジタル技術だった。つまり、近藤は、デジタルからスタートした開発者だったのである。これは、ほかの開発者にはない大きなアドバンテージだった。

紙本から「デジタル複写機を黒字にしろ」と言われたときから、近藤は、同じ第1設計室にいた1グループの丹沢節《たんざわみさお》課長、3グループの志村顕《しむらあきら》課長、自分のあとに高速機で入ってきた長沢清人《ながさわきよと》課長の3人の同期課長と話をすれば、一気に全部デジタル化できると考えていた。全体をまとめる第1設計室2グループにいた近藤は、「高速機まで全部デジタルにする」と宣言し、彼らと連日連夜の協議を続けた。

直接の部下として入ってきたプリンター担当の若林富夫《わかばやしとみお》課長は、最初こそ胴内排紙の設計(コピー受けが本体の外側に出ない設計)に反対したが、近藤が「これでやる!」と言い切ると、その後は近藤の右腕として一生懸命、協力してくれた。

ちなみに、若林は近藤と同い年である。近藤がファクシミリ事業部時代にやっていた研究会(環境に配慮した設計・環境負荷の少ないモノ作りをするための研究会)で一緒に組んでいた人物だ。

近藤が上海で合弁交渉をやっていたとき、日本に帰れなくてリサイクル対応設計の基準書の発表を若林に頼んだら、「なんで俺がやらなきゃいけないんだ。あんたがやると言ったじゃないか!」と電話で激怒され、「なんとかやって欲しい」と懇願したことがある。これもふたりの不思議な縁ではある。

決断の第2は、複写機の本格的なMFP（Multi Function Printer：複合機）化である。多機能化による「差別化戦略」を展開し、リコーのデジタル複写機の台数シェアの拡大、市場におけるポジションの向上を目指した。

いまでは当たり前になっている一体型の複合機だが、かつて、ファクシミリ、複写機、スキャナー、プリンターは、個々に単体として存在していた。オフィスには、ファクシミリがあり、複写機があり、プリンターがあった。近藤は、それらすべての機能を一つの事務機に搭載し、コンパクトな複合事務機、MFPとして一般化させたのである。新しいマーケットを創造し、新しいオフィス価値を生み出す画期的な開発だった。

面白いのは、近藤の発想だ。当時ヒットしていた「CDラジカセ」のような複合機を開発しよう、というコンセプトを打ち出したのである。それを可能にしたのが、アナログからデジタルへの全面転換であった。

「デジタルの世界というのは、何でも作れちゃうんですよ。スキャナーもできるし、プリンターもできるし、複写機もできる。何でもできるんです。だから僕は、もう本当に何でも突っ込んじゃえ、というコンセプトで、CDラジカセみたいな複写機を作ろうと考えたんです。

やっぱり、デジタルらしいものを作らなきゃいけない。しかも、リファクス100L、20

ＯＬで実現させていたスマートな『３面壁ピタ』で、そういうものを作ろうじゃないか、と考えたのです」

決断の第3は、コストを安くすることである。「前身機のコストの2分の1を目指す」を合い言葉に、コスト削減に取り組んだ。

「コストを安く作るというのは、僕がファクシミリでいちばんやってきたことなんです。安く作る文化は、ファクシミリ事業部の中ではみなが持っていたし、僕自身もすごく強いこだわりを持っていた。ですから、プロセスも圧縮し、人も少なくして作る、ということを断行したんです」

近藤の3つの決断は、リコーを大きく変えることとなる。しかし、そこに至るまでには、まだ越えなければならない大きな壁があった。

反対の嵐の中、デジタルへ全面転換

「新しい顧客価値を作っていこうと、必死に知恵を絞《しぼ》りました。自分がこれまでファクシミリで築き上げてきたものはどれも本物なんだ、それをみなに知ってもらわないうちは、会社を辞められない、と思いました。エンジニアとしても、プロジェクトを引っ張っていく人間としても、複写機部門への異動はすごく悔しかったのでね。さまざまな環境の変化に対する意地もあり、『必ずヒット商品を生み出してみせる』という情熱を持って、デジタル複合機の開発に取り組みました」

しかし当初、プロジェクトはなかなか前に進まなかった。それまでアナログの事務機の開発に携わっていた技術者や、販売を担当していた営業部から、次々と「デジタル化反対」の声が上がった。

反対派の言い分はさまざまだった。

「複写機が全部デジタルになるわけがないだろう」

「多機能化すると、一つの機能が故障すると全部使えなくなるのではないか」

「ファクシミリ、複写機、スキャナー、プリンターの単体売りのほうが、売り上げ額が大きい」

「売れるかどうかわからない商品に、こんなに人を投入してどうするつもりなんだ」

「なんで、おまえにそんなことを決める権限があるんだ」

といった具合だ。長文のメールで文句を言ってくる部長もいた。

高速機に関していえば、当時、米国X社のアナログ高速機はA３サイズの用紙を横に送っていたので、「それが常識だ」とみなが口々に言った。A３を縦に送っていく、という発想がなかったのである。

高速機グループのPLである品田政幸《しなだまさゆき》（のちリコー技師長）は、アナログ機の開発中止決断後、あまりにもみなが文句を言うので、「俺にはみんなを説得できないから、おまえが来て話してくれ」と近藤に説得役を依頼してきた。

そこで近藤は、大森の設計チームの部屋に反対するメンバーを50人ほど集め、話した。

「絶対にアナログには戻らない。どんなに説得しても私の意志は変わらない。だから、デジタルの設計に入りなさい」

集まった反対派は、主任、課長クラスが中心だが、部長もいた。「もうアナログには戻らない」という近藤の話を聞き、泣いている者もいた。

反対派は反対派で、アナログというものを信じ、愛着があるのだろう。それを捨てる辛さは近藤にもわかった。だが、「なぜ泣くのだろう」と思わざるをえなかった。自分たちの努力を無駄にするという決断が辛かったのだろうか。しかし、いずれ〝そのとき〟が来ることに気づいていただろうにと、近藤は思った。

近藤が反対派と話をしたのは、このとき一回だけである。

「説得はしていません。黙ってやりなさいと話しただけです。むこうは黙って、そのままですよ」

近藤の信念は揺るがない。紙本副社長に話をして、中期経営計画の中にデジタル化の戦略を持ち込み、どんなエンジンにするか、複写機の像を作るうえで大事な感光体の大きさや形などまで、全部決めてしまった。

これまでも近藤は、「やります」と手を挙げた商品をモノにしてきた。紙本は、「彼が手を挙げているということは、必ずモノにできるんだ」と思っていた。

実際には、やってみなければわからないところもあったが、近藤は、「ほとんどできる」「一気にやれる」と信じて突進した。デジタル化への全面転換を、中期経営計画という既成事実を作りながら推し進め、周りの人たちは不安だから反対する、という図式だ。

それでも浜田社長は、反対派に対して「近藤の言うことを聞け」とはいっさい言わなかった。リコーの歴代トップは、専門性が違うことに関しては、何も口を出さない伝統があったのである。

「敵は納得すると最大の味方になる」

こうして、デジタル化への全面転換は一気に推し進められた。当時を振り返って、近藤はこう語る。

「なぜ、僕が一気に突き進んだかというと、要はデジタルって、一度にまとめて変えてしまうことができるんです。コントローラーというのは、中枢になるCPUのパワーと、データをハンドリングする読み取りのパワーと、それから書き込みのパワー、それらがシステマティックに全部つながっている。ソフトは、それを差配するだけなんです。同じ考え方で全部できてしまう。

その中のCPUのパワーだとか、そこを通すバスラインをどう設計するかということさえきちんと決めておけば、データをハンドリングする能力がどのくらいあるかを、計算軸で全部設計できるんです。僕に反対していた人たちは、そういうシステマティックな考え方をしないので、高速化はこんなに難しい、こんな苦労をした、といった話ばかりだったのではないかと考えています」

メモリーのハンドリングや、ソフトウエアの難しさという問題は若干残ったが、近藤に言わせれば、そんなことは「割り切り」(仕様を明確にして、不要な機能を取り払うこと)をするだけで、ほとんど可能になる。

たとえば、いちばん問題になるのは、プリントアウトしているときに、マルチファンクションで受信が入ってきた場合だ。当時は、待たせるか、受け付けないかを決めなければいけなかった。

だが、送信側からしてみれば、すぐに出力されるかどうかはほとんど関係ない場合が多い。だから、メモリーで受信して、「受信しました」「受信した情報を出力しました」と相手に通知すればいい。その通知を、いちいち機械にくっついて待っているのは、いますぐ内容を確認したいと思う大事な契約をしている人たちくらいだ。

ファクシミリの人間の頭の中は、そういうデジタル発想になっている。「そんなのぜんぜん大丈夫だよ」という割り切りを、一つひとつ、アナログ発想の彼らに教え込まなければならなかった。

また、当時のリコーのデジタル複写機は、開発費が嵩《かさ》んだために非常に高価で、それが大赤字の要因となっていた。

「デジタル複写機そのものが高すぎたし、紙処理の周辺機器一つとっても、ものすごく値段が高いわけです。こんなのマーケットに出したって、誰も買ってくれない。ですから、『まず、それを半分の値段にしなさい』と言ったんです。全員にそう言ったのではなく、僕が担当しているチームの周りの人たちに言い始めたわけです。でも、みんな、キョトンとしているんですよ」

開発に携わる人たちは、「デジタルは高い、高いからいろいろな機能をつけなければいけない」という発想だった。だから必死になって「○○複合」「××複合」「△△複合」と、複合が重なる状態を想定してモノ作りをしてしまう。そこでソフトウエアを設計しているメンバーは、難しい設計を強いられた。

しかも、システムが破綻《はたん》して、しょっちゅう止まる。そのため、機械が止まったらサービスマンを呼ぶ「SC（サービスマン・コール）」という機能をつけていたほどだ。だが、これだとシステムで何か異常が出るたびに、すぐサービスマンが来ることになるから使えない。

一方、近藤が長年やってきたファクシミリは、挙動は実に軽快で、コストも安い。近藤には、高いものに固執《こしゅう》する発想はまったくなかった。その時々の最も旬《しゅん》のCPUやデバイスをどんどん突っ込んでいく、という考え方で、従来のモノ作りとはぜんぜん違っていた。SC機能など、ファクシミリの常識から言うと「バカげている、火災でも起こさない限りシステムを止めるな」というのが近藤の考え方であった。

ファクシミリ事業部にも、以前はアナログのメンバーや古いデジタルのメンバーがたくさんいた。ただ、彼らは基本的に能力がきわめて高いので、その人たちの頭の中を改造すれば、一気にデジタル発想のモノ作りができるようになる。過去の経験から、近藤にはそれがわかっていた。

そこで、複写機のアナログ発想の人たちに、「モノ作りは、こういう割り切りでできていく。これでもお客様は十分に満足なんだ」ということを、どんどん教えていったのである。

そして最終的に、反対派を納得させた。

どのように納得させたのか?

「簡単ですよ。一発当てて、商品が売れるのを見れば納得するんです。お客さまがどんどん買っていくのを見たら、いままで反対していた人たち、『近藤がギャーギャー言ってやらせている』と思っていた人たちは、〝世の中が変わる〟ということがようやくわかるわけです。だからこそ僕は、最初に意識してとてつもないエネルギーを注ぎ込んで、『MF200』という商品に突っ込んだわけです。これは絶対に失敗させられない、と思ってやったから」

近藤に反対していた人たちは、あとになってみな、「自分たちが悪かった、間違いだった」と気づいてくれたという。

デジタル複合機の開発PTは、設計部門以外も含めると最大時で300～400人になったが、近藤はこの大所帯が一枚岩になるようまとめ、一致団結させたのである。

「〝敵〟というのは、納得してしまうと最大の味方になるのです」

第2章

世界を席巻した「imagio MF200」

ウイングレスで複写機に革命を

1996年、リコーは、省スペース・低価格のデジタル複合機を発売した。開発を主導した近藤は、このとき、複写機事業部開発次長。新しいオフィスオートメーション社会を、彼が実現させたのである。

かつて単体として存在したファクシミリ、複写機、スキャナー、プリンターの機能が、一台の複合事務機に備えられている。まず、スペースをとらない。値段も、各機器を単体で3台購入することと比較すると、安くなった。

新しいオフィス価値を創造する革命的な商品、これこそ「imagio MF200」だった。

近藤は、語る。

「ちょっと自慢話になっちゃいますが、『imagio MF200』は、たぶん複写機の歴史を変えたと思います。それまで両翼が生えていた複写機を、冷蔵庫みたいな形にした。CDラジカセのような複写機を作ろうというコンセプトで、プリンターもファクシミリもスキャナーもコピーも一台でできるようにした。デジタル化というのは、こういうことが瞬時にできるんですよ。しかも、余計なコストはほとんどかからない。安く作れたら、もうこっちのもの。人がやっていないから、どんどんやろうとしたんです」

「ｉｍａｇｉｏ　ＭＦ２００」は、本体内部に排紙するウイングレスタイプの複合機だ。

両翼の出っ張りをなくしたことで、従来機と比べて約30％の省スペースを実現した。下向き排風処理や、コードやコネクタなどが外部に露出しないデザイン設計なので、背面や側面を壁にぴたりと付けられる。この「3面壁ピタ」設計で、よりいっそうオフィスのスペースを有効活用できた。

もともとこのデザインは、近藤が「リファクス１００Ｌ」を開発していたとき、デザイナーの橋本正則《はしもとまさのり》と企画の轡田《くつわだ》正郷《まさくに》が考案したものである。

轡田は、「どうしても両翼をなくしたい」と強く思っていた。そこで足繁く市場に検証しに行き、デザインを何種類か用意してテストをし、やはり両翼を張らないデザインがよいと確信するに至った。

「ｉｍａｇｉｏ　ＭＦ２００」のウイングレス構造を考案したのは橋本だったが、複写機の概念を根本的に変えるデザインであった。

製品がデジタル化していく中で、デジタルオリエンテッド（デジタル志向）な顧客価値を創造していかなければならないと感じていた近藤は、デジタルだからこそ実現できる機能は何か、メンバーたちにアイデアをどんどん出すよう仕向けた。

たとえば、電子ソート。従来の複写機は、側面にたくさんのトレイが配置され、そこへ順に排紙していく機構だった。しかし、デジタルになれば、データを読み込んだうえでまとめて排紙できる。さらに、トレイそのものの位置すらも変更できる。それまで「当たり前」と思われていた、側面に排紙トレイが突き出した複写機の形状にも革新をもたらすことができるのだ。

それこそが、プリントされた紙を本体内部に設けられたトレイに排出する、「胴内排紙」であった。側面の排紙トレイをなくしてウイングレスにすれば、本体の両側面と背面をすべて壁に密着させて設置できる。こうして「3面壁ピタ」が可能になった。

「それまで排紙トレイを突き出させていたのは訳があるんです。胴内排紙のシステムは、スキャナーとしての読み取り部分とプリンターとしての書き込み部分を物理的に分離させてしまうため、機構の異なる従来のアナログ機では不可能だったんです」

近藤は、デジタル機を市場に普及させるためには従来の常識を打ち破るようなイノベーションで、いままでになかった新しい価値を顧客に提供することが必要だと考えていた。

また、「imagio MF200」はメモリー機能を標準搭載していたので、複数枚数の原稿を読み取って記憶し、メモリー上で自動丁合《ちょうあ》いして排紙する電子ソートが可能だった。

デジタル複合機の開発（imagio MF200）
商品コンセプトは「CDラジカセ」のような複合機

imagio MF200開発時のコンセプト

MFP（複合機）はアナログ複写機とは違い、デジタルならではのさまざまな高機能を小さい体に複合化することができる。

たとえば、
「CDラジカセ」のように
デジタルのメリットを活かし、複数の機能を1つの製品に複合化することで、「新しい顧客価値」が生まれる。

操作性を飛躍的に向上させるとともに、コピー原稿のセット方向を間違えても自動的に画像の向きを修正するようにし、ミスコピー防止も可能にした。

連続コピー速度は、A4判でタテ・ヨコのセットにかかわらず、毎分20枚という快適なスピードを実現。画質は、ハイファイスピード時400dpiで256階調。当時としては非常に高画質だった。

ファクシミリ機能では、送信時にA4判の原稿を、情報量の多少にかかわらず1秒台で読み取る高速読み取りを実現した。これもデジタル化ならではの機能だ。

さらに、リコー独自のオンラインによる保守サービスCSS（カスタマー・サポート・システム）に対応していた。これは、顧客が使用する複写機と、全国7拠点に設置したリコーCS（カスタマー・サポート）センターを、公衆回線によってオンラインで結び、複写機の稼働状況の把握と遠隔診断を可能にした保守システムである。

開発期間は約2年半。値段は100万円以上したが、「imagio MF200」は一機種だけで70万台以上も売れ、デジタル複合機としては前代未聞の大ヒット商品となった。

その反響はすさまじかった。ある日、名古屋のコールセンターが問い合わせでパンクしているというので、「品質問題か」と急ぎ調べさせたら、「通常の10倍も売れているので問い合わせが殺到している。品質問題があるわけではない」と報告があったほどだった。

こうして近藤は、デジタル複合機のパイオニアとして業界で知られるようになり、1998年には、画像システム事業本部のプリンター事業部長に就任した。

その後、リコーは、「imagio MF200」を契機とするデジタル＋グローバル化の推進によって業績を伸ばしていくことになるのである。

傍流だからできた「100万台売りなさい」

アナログからデジタルへ。開発、設計から生産段階まで、リコーの企業文化は変わった。近藤は、どの辺りの文化を変えるのに苦労したのだろうか。

「僕が複写機に移ったとき、開発・設計では、デジタルで何ができるかということがよくわかっていなくて、できるものはみんな入れようとしていました。だから、とにかく安くしなさいと言った。と同時に、機能を徹底的に絞《しぼ》らせたんです。
というのは、自慢ではないけれども、僕はその当時、会社の中のＶＡ《バリューアナリシス》（価値分析）賞とか、世の中で知られているいろんな賞を獲《と》っていましたから、そういうプロジェクトを進めたり、やり方を徹底させたり、ＶＡの手法に関する技術屋としてのレベルは高かったんです。勝手な課長さんなんですけど、デジタルのフルラインナップを作れと言って、商品企画のところもどんどん変えていきました」

近藤は、アナログ機からデジタル機に転換していくためにはコスト競争力を高めることが必要だと考えた。ユーザー不在で過剰に機能を付加していった結果、デジタル複合機はかえって手を出しにくいものになってしまっていた。そこで、機能をいっそう絞り込むことにした。たとえば、紙の縦横はどちらにセットしてもコピーできることや電子ソートなど、デジタル化で、ユーザーにとってメリットがあると思われる機能だけを搭載する。コピーの変倍機能をシンプル化し、タッチパネルによる操作機能などは、コストダウンのために外すことにした。

前章で述べたように、当初、「ｉｍａｇｉｏ　ＭＦ２００」の開発チームは、近藤のやり方にまったく納得していなかった。しかし、近藤はファクシミリ事業部時代から両翼をなくす発想を仕掛け、将来、複写機とプリンターは全部ファクシミリのようなもので吸収するという意志があったため、一気に動いたのである。

「そういう発想ができたのは、僕が傍流だったからですよ」

「デジタル化は技術的には難しくない。最初の機械は、ファーストプリントが少し遅くなったりしたけれど、あらゆる効用から考えたら、技術には基本的に不可能がない。全部できるんです。『できない』と言うのは、やってる奴の頭が悪いか、やりたくないかのどっちかですよ」

設計は近藤の手の内にあったから一気に動くことができたが、営業・販売は、そう容易にはいかなかった。

国内販売の人間は、タッチパネルなどの機能がごっそり削ぎ落とされていることに対して、「いかにコストを抑えたとはいえ、商品の機能がシンプルで魅力的に映らない。これではユーザーに売れない」と、仕様変更を迫《せま》ってきた。

一方、海外の営業部隊からの評判も思わしくなかった。海外のオフィスは広い。「3面壁ピタ」の省スペースなんて重要ではない、というのだ。

こうした声に対して、近藤は、「MF200は、世界を攻略するための戦略商品だ。コストを抑えることは今後も至上命令だよ。それに、海外のオフィスであろうと、空間を有効に使えるのであれば、それは価値があるということではないか」と一歩も譲らなかった。

「彼らにとってみると、売り上げがすべて評価ポイントですから、変なものをやらされて自分自身の評価が下がるのは嫌なんですね。ですから、そういう意味では、ずっと厳しい抵抗に遭《あ》いました。既得権との争いみたいなところがありましたね」

デジタル化の次は、MFP（複合機）化して、「モノ＋コト」のソリューション販売をしていくサービスレッド・カンパニー（サービス主導のビジネスモデルの会社）にしようと、近藤は当時から考えていた。

「要は、プリンターを入れたネットワークと、お客様の課題を解決できるソリューションをちゃんと売れるようにしようと決めたんですね。本気でそれに取り組んだのは、2002年からです。だけど、国内はハード（モノ）の売り上げが売上高の3分の1を占めている。サービスレッドにすると、販売効率がダウンするわけです。ハードで稼ぎたいと考えている営業からは、なぜ、サービスレッドにするのかって、すごく文句を言われました。コトを売るのは手間がかかるんです」

そこで近藤は、彼らの価値観を変えさせようとした。

「僕は、『ｉｍａｇｉｏ ＭＦ２００』を１００万台売りなさいと、国内と海外の営業に言ったんです。一機種に対してそんなことを言うのは乱暴なんですよ。値段を半分にしなさい、一機種で１００万台売りなさいなんて、めちゃくちゃなことを言ったので、周りの人たちは僕を変人扱いしていたと思う（笑）」

なぜ、近藤はそんな乱暴なことを言ったのか。

「値段を10％下げなさいとか、この機械を10万台売りなさいと言っても、誰の意識も変わらないし、やり方も変わらないからです。だからいきなり、『１００万台売りなさい』ということを仕掛けたんです」

「生意気な次長が来たと、みんな思ったんでしょうね、『なんだ！』というものすごい反発。公開質問状が来ましたし、大喧嘩もしました。議論はいくらでもするつもりだったし、実際に激しい議論もしましたよ。もうたいへんなもので……。でも、僕は言い出したらやり切らせますから」

「コスト半分」の生産改革

そんな近藤に反発したのは、国内外の営業部隊に限らなかった。生産部門も、「コスト半分でやれ」と言われ、どうやれば劇的なコストダウンが図れるのかと、文句を言ってきた。

結局、生産部門は、近藤の熱意に押されて生産ラインを「固定」と「変動」に分けるという解決策を編み出すことになった。

それまでは販売計画の台数に応じて、生産体制を変更していた。この変更が大きなロスを生んでいたのだ。ラインには「立ち上げカーブ」があり、一定の効率に上がるまでしばらく時間を要する。この無駄を省くために、固定ラインと変動ラインの2つを設ける。つまり、期ごと、月ごとの生産量を考慮したうえで、一定台数を固定したラインで常に生産する。体制変更しないことで、このラインは効率化を追求できる。一方、固定ラインの台数を超えた分に関しては、変動ラインで柔軟に対応していく。

ここでも、近藤と同期の、生産部門の鹿島《かしま》昇《のぼる》次長を中心とした立ち上げチームが大きな役割を果たした。

このとき興味深いのは、近藤が〝人〟に注目したことだ。機能別で組み立ての難易度を決め、生産ラインに携わる人員の適材適所を図ったのである。変動ラインには生産の増減に素早く対応できるスキルを持った人を配置するなど、無駄の排除に努めた。

営業・販売の意識改革、生産のシステム改革は、こうして大きなアゲインスト（逆風）の中で行われていった。

近藤は、率先垂範《そっせんすいはん》して開発の現場をリードした。品質問題があって、週末に改善しようということになると、近藤はみずから作業帽をかぶって現場にやってきた。「明日に備えて、今日できることはすべてやってしまおう」と、夜中まで会議することもたびたびあった。近藤の「このMF200にはリコーの命運がかかっている」という思いが、開発中に次々生じた難題を解決していく力につながっていった。

そうしてついに、近藤たちは「コスト2分の1、品質2ランクアップ」という相反するテーマを成《な》し遂《と》げたのである。

前述の通り、「imagio MF200」が1996年8月に発売されるや、製品はたちまちデジタル機としては前代未聞の売れ行きを記録し、販売総数は70万台に到達した。しかも、その半数近い34万台が海外での売り上げだった。

その結果、リコーのＭＦＰ（複合機）のシェアは、世界5位から一気に1位に浮上した。１９９０年代後半、リコーはデジタル化戦略で、ＭＦＰシェアナンバーワンになったのである。快挙を成し遂げた主役の近藤は、その後、イノベーションに心血を注ぐ。

「その時々に応じて、リコーは新しい商品を作り上げ、新しいイノベーションを作り上げながら、人真似もありますけれども、イノベーションを起こしながら進化してきた。僕自身は、リファクス１００Ｌ、２００Ｌのようなヒット商品を自分が思うように作れるようになって、どんどん新しいイノベーションにチャレンジする機会に恵まれたんです」

近藤の推進したデジタル化戦略が奏功し、リコーの売り上げは、１９９０年代前半の１兆円から、２００６年には2兆円超に拡大した。設計、生産、販売が連動して世界を席巻していく。また、強い商品は販売インフラの強化にもつながり、北米、欧州で次々と大規模なディーラーを買収していく。

アナログ製品全廃と3つの競争戦略

「ｉｍａｇｉｏ ＭＦ２００」という革命的商品を世に送り出したあと、近藤は予定通り、一気にアナログからデジタルへとリコーの企業文化を変えていった。

「もし、imagio MF200がなければ、今日のリコーはないと思います。原点ですよ。僕たちはファクシミリ事業部のときに、その練習をしていたんですね」

リコーのデジタル化を推進したとき、近藤は、ハーバード大学経営大学院教授マイケル・E・ポーターの代表的著書『競争の戦略』（ダイヤモンド社）を参考にし、社員にも読ませた。そして、①戦力の集中、②差別化、③コストのリーダーシップという3つの競争戦略を明確にし、アナログ機の開発をいっさいやめさせた。

①戦力の集中

経営資源（ヒト・モノ・カネ）は無尽蔵でないため、経営資源を特定の市場・製品に集中させる戦略である。当時、リコーはアナログの複写機も作っていたが、これを全部やめさせ、デジタルに一本化した。近藤は事業部長に近い職位にあったので、これができた。

②差別化

マルチファンクション（多機能）化により、業界の中でも特異な価値を創造する、という差

デジタル化とグローバル化の戦略

デジタル化戦略（開発戦略）

- 製品のデジタル化に向けて
  ①「集中」　②「差別化」　③「コスト削減」
  の3つの基本戦略を実施
- デジタル機の台数シェア向上
- 市場におけるポジションの向上
- リーダー企業への挑戦
- 機種ラインナップの拡充（高速化への挑戦）

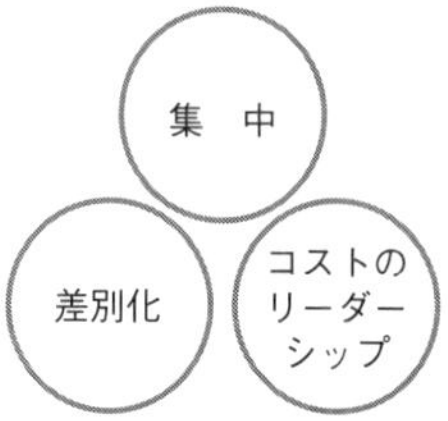

3つの基本戦略

グローバル化戦略（販売戦略）

- M&Aによる販売拡大でグローバル化を加速

デジタル化とグローバル化の両輪で業績回復

別化である。

単機能機を全廃し、コピー、ファクシミリ、スキャナー、プリンター、ドキュメント・ソリューションをすべて一気にマルチファンクション化することに取り組むよう、近藤は機器開発に号令をかけた。「ファクシミリはオプションにしてもいいのではないか」などの意見も出たが、最終的に、一気にすべて実行し、差別化を図ることで意思統一ができた。

③コストのリーダーシップ（コスト面で1番になる）

同業他社より低いコストを実現することで安価で販売したり、同価格でも他社より利益を生んだりする戦略である。リコーは、先行開発により製品コストダウンの努力を行い、コストのリーダーシップ戦略でも優位に立つようになった。近藤は、「本気で複写機に取り組み、米国市場で1位を取りにいこう」とみなに言い、デジタル化戦略を猛然と進めた。

「これら3つの戦略は、競争戦略の原点みたいなものですね。当時、この業界の世界ナンバーワンは米国のゼロックス。僕たちは、アメリカへ行けばデジタルのマーケットシェアでは5位か6位という時代でした。経営資源の量も質も足りないわけですから、アナログもデジタルも抱えてゼロックスと闘うなんてできない。だから、一気にアナログの商品を全部やめさせました。

僕はまだ部長にもなっていませんでしたが、戦略書を作って各事業部長たちにアナログの商品をやめさせ、すべてデジタルに集中させました。デジタルの商品ラインナップを仲間と一緒に作り、その開発を仕掛けていき、軒並み新しいデジタルの製品に作り換えたんです。2000年頃にはフルラインナップでデジタルの機械を出すと、はっきり競争戦略というものを意識しながら仕掛けていった。

その次に複写機部門を全部デジタル化し、さらに次はMFP化、カラー化、システム化と、どんどんパラダイムを変えていくことで先行させていきました」

このとき、開発事業部門がイノベーションの実現に向けたスローガンは、「顧客起点」「競争優位」「ルール変更」の3つで、事業部のみなに徹底した。

間をおかず、リコーの複写機は日本と欧州でトップシェアを獲得。一気に世界のトップグループへ躍り出たのである。

「トップになると何がいいのか。それは、ルール・メイキングができるということです。たとえば、リコーが1番になって、『こっちの方向に行くぞ』と言えば、他社はそれを見ていますから、何としても追いかけて同じほうに行こうとするんです。

だから、1番になるということはものすごく大事なことなんだけれども、残念ながらリコーという会社は、1番になったことがなかった。エンジニアは、1番になっちゃったらどうしようか、どうしようかと迷っちゃうんですね。『迷うな』といくら言っても、やっぱり迷っちゃう。

ですから、これから世界をリードしていこうという会社は、リーダー企業はどういう闘い方ができるのか、どういう振る舞いができるのかということを、よく考えながらやるといい。そうすれば、自分たちで未来を作っていくことができるんです」

未来起点でマーケットを創造する

「僕が決定的にほかのリーダーと違うと思うのは、頭の中が未来起点になっていることです。未来のためにモノを作っている。そこが決定的に違うんです」

と、近藤は言う。

たとえば、近藤が「ｉｍａｇｉｏ　ＭＦ２００」の開発に乗り出したとき、反対派は「デジタルは高い」と言っていたが、未来のトレンドがデジタルに向いていたら、必ずそちらのほうが安くなる。

それは、近藤がファクシミリ事業部時代に、日立から来た山路《やまじ》陽三《ようぞう》技師長にＶＥ《バリューエンジニアリング》（価値工学）やＶＡ《バリューアナリシス》（価値分析）の何たるかを学んだときに、徹底的に仕込まれた。

「近藤さん、いまはものすごく高い半導体でも、これが必ず主流になるというデバイスを選んで使いなさい。そうしたら必ず安くなるから」

というのが、山路の教えだった。「それがコツなのだ」と。

近藤は、「なるほど、そうだよな」と思った。いま開発している商品は、３年先、５年先の未来に発売するわけだから、その間にコストが下がっていく部品を使ったほうが、後々はるかに商品のパワーが出てくる。

だから、近藤の頭の中のロジックは、「いま高い、安い」ではない。自分たちは未来の仕事をしている、現状ではなく未来のマーケットを作るんだ、という思いが常にある。

モノを作っていく人間というのは、未来起点だ。

生産部門や販売部門の人は、現在起点だから、「いま」のことばかりを言う。だが、「いま」のことを言って作ったところで、2～3年したら時代遅れ、2周、3周遅れになる。現在起点の人には、そのことを何度言ってもわかってもらえないが、結局はあとで気づくことになる。


「リコーって営業が強いんですよ。ですから、お客さまがいま求めている、他社と同じような横並び商品がたびたび出てくるんです。そういう商品を、私たちは『Me too Product（ミー・トゥ・プロダクト）』と呼んでいます。リーダー企業なんだから、自分たちで自分たちのルールを作ればいいのに、といくら言っても、昔の風習が残っていて、『お客さまは、いま他社が出しているものが欲しいと言っている』と販売店から聞くと、ハハーッとかしこまって作っちゃう。それでは永久に2周遅れ、3周遅れの商品しか出せなくなっちゃう」

「振り返ってみると、『imagio MF200』の開発のとき、反対派に対して、『みんなこっちに行くんだよ、だから、いまこうしておかなければダメなんだよ』と、上手に説得できればよかったんですけど。いまでも営業の人たちや僕をよく知っている人は、『一人だけ未来を見てる人間がいる』と言うわけ、僕のことを」

「いま僕が作っている商品は、みな未来に向けて『点』で出している。必ずそれがつながってくる、そういうふうにしていくんです。それは、完全に確信があって、『こうしたらこうなる』という演繹《えんえき》的な考え方じゃないんですよ。いまあるいろんな事実を帰納的に考えて、未来はここにある、と確信しているわけです」

コストが安いほどバリューは上がる

近藤は、山路技師長からほかにも多くのことを学んだ。その一つが、「バリューの基本式は、V＝F／C（価値 Value ＝機能 Function／コスト Cost）」ということだ。

コストが安ければ安いほど、バリューは上がる。ファンクションがたくさんあればあるほど、バリューは上がる。

「ｉｍａｇｉｏ ＭＦ２００」の開発のとき、複合機に反発する営業の連中は、「ファクシミリはファクシミリ、複写機は複写機、プリンターはプリンター、別々でいいじゃないか。それをなぜ、トータルで安い機械一台に収めるのか」と言っていたことはすでに触れた。

「成長」と「体質改造」の同時実現

（リコーグループの企業価値向上に向けて
・VEの価値比率（V＝F/C）の考え方
（VE：Value Engineering　価値工学））

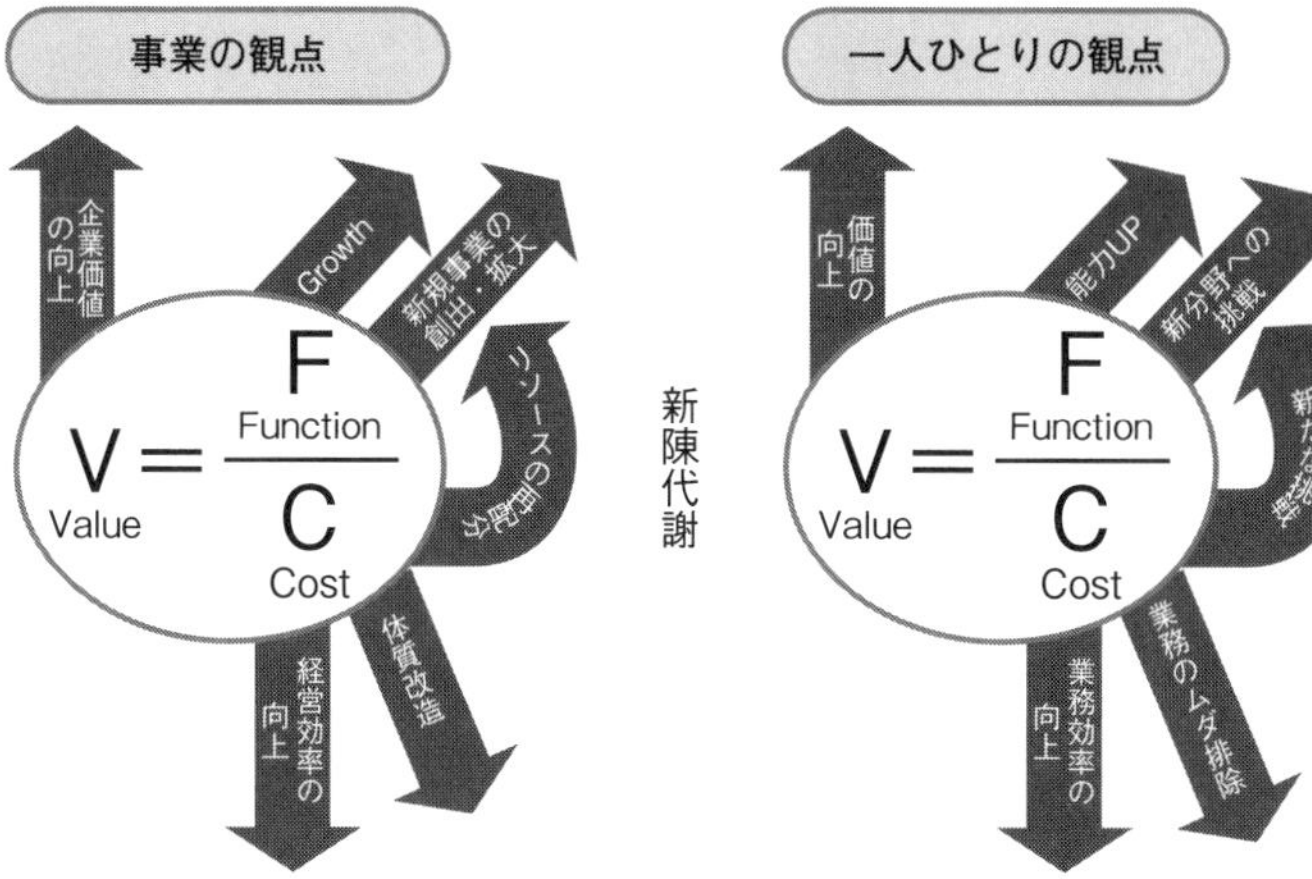

だが、ファクシミリ一台の値段でスキャナーもプリンターもコピーも全部入れられれば、この複合機は8倍の価値になる。コストが2分の1で、基本機能が4つ入っているからである。8倍の価値になったら、「3台でも4台でも買ってください」と言える。「1台くらい壊れたって、大丈夫ですよ」と。

ところが旧来の営業の人間は、いくつもある機能の中の一つが死んだら、全部の機能が死んでしまうのではないか、と発想する。その発想の原点は、「顧客に迷惑をかけられない」ということにある。

当時を振り返って、近藤はこう語る。

「いま振り返れば、乱暴な話ですが、この後のオフィスというものは、複数台のMFPやプリンターがネットワークでつながり、補完し合う環境となっている。3台でも4台でも買ってください、ものすごい価値が上がりますよ、というのが僕の思いでした。アナログの複写機を売っている場合じゃない。そんなことやっていたら、時代遅れになってしまう。世界はもう、ネットワークの時代になってしまうから、と」

近藤の発想は、ネットワークが主である。あとの端末は、みな手段（付加価値）としてある。

「何のために複写機やファクシミリを使っているかといったら、いま考えれば当たり前のことなんだけど、〝知識創造〟なんですよ。コミュニケーションをして情報共有したり、それをまた煮つめたりしていくうちに、知識創造しているんです。だから、僕たちリコーは、複写機の紙を売っているんじゃなくて、知識創造を売る会社なんだと思わないといけない。知識創造ということを忘れたら、自分たちは何を売っているのかわかりませんよ、ということなんです」

近藤の発想は、そこから始まっている。だから後年、後述するようなテレビ会議システムや

インタラクティブ　ホワイトボードなどを作ったり、デジタルサイネージ（電子看板）のためのプロジェクターなどの開発へとつながっていくのである。

「僕らは何を作っているのか。複写機という箱を作っているわけじゃないんですよね。お客さまの知識創造をサポートするデバイスやサービスを作っているんです。それによって、お客さまに知識創造してもらわなかったら、僕たちの仕事は意味がないんでね」

「コストゼロ理論」

山路技師長から学んだことの中で、最も近藤の印象に残っているものは、「コストゼロ理論」である。

石油も鉄鉱石も、地球から得たもの。もともと存在しているのだからコストゼロ。ところが、地中から取り出すから、そこでコストが発生する。つまり、コストというのは最初はゼロだが、人手をかけるからコストが生まれる、という理論だ。山路いわく、

「コストを追いかけていれば、必ずゼロに近くなる」

たとえば、製造過程において素材から全部集めるときには、目標コストを決める。「いままで100かかっていたコストを、50にする方法を考えなさい」と。そして、素材の調達、資材

の調達、それらを加工し作っていく、あるいはモジュール化していくというすべてのプロセスにおいて、半減させる方法を考える。

「設計に対して、10％下げろとか15％下げろというやり方では、変わらない。半分にしろと言わなければ、やり方は変わらないぞ」

とも、山路から教わった。そのやり方を、近藤はどんどん仕掛けていった。

山路を信頼し、「やってみよう」という素直な気持ちになれたのは、山路の言うことがフレッシュだったからだ。それまでの近藤は喧嘩っ早く、しょっちゅう周りと大喧嘩しながら仕事をしていたが、山路と話して、ずいぶんアプローチの仕方が変わったという。


「技師長というのは、いろんな役割を果たしてくれたなと、つくづく思うんです。

プロジェクトを進めていくうえでは、若いエンジニアのモチベーションを上げるため、ゴールに到達する喜びを味わわせないといけない。修羅場《しゅらば》をくぐってでも何でも、ピークハンターではないけれど、山の頂上まで登るということをやり切らせて、そのときの感激を味わわせてやらなければいけない。苦しいだけじゃないんだ、達成感があるんだ、ということを見せてやるのが大事ですね。

僕もそれを踏襲してきた。そうやって育成してきた人間は、いまでは、みんなわが社の中核になっていますよ」

帰納的思考が経営の本質

「いい加減にしてよ、と思うことがある。それは、経営は理論であると信じている人がいることです。これは演繹的な思考の人ですよ」

と、近藤は言う。

演繹法は、ある事象に既存の命題を当てはめ、命題で事象を説明していくやり方だ。たとえば、「すべての人間は死ぬ」という命題に対して、「ソクラテスは人間である」との命題を挙げ、「ゆえにソクラテスは死ぬ」という結論を導き出す。近藤に言わせれば、「当たり前で凡庸な三段論法」。こうした演繹的思考は、企業内では優秀な人に多い、と近藤は言う。

「演繹的思考は、現在起点で仕事をしてきた人に多い。理論を学べばものすごくいい経営ができるんだと思っている。でも、そうじゃないんですよね。経営って、とんでもない変化の中を漕《こ》ぎ渡《わた》っていかないといけないから、理論なんか求めていたら遅くてしようがないわけです。

経営というのは理屈じゃない。事実を積み上げていって推論をして、未来を見極めて、新しい未来を作っていくというのが、僕は経営だと思うんですよ。こういうことは、自分で経営したりイノベーションを起こしたりしている人は、みな感じていると思います。マーケティングだって販売だって、そうですよね」

演繹法に対して、帰納法はボトムアップの考え方で、特定の命題ではなく、個別具体の事実をたくさん集め、それらの共通点を普遍化して新たな命題を作り上げていく方法だ。集めた事実から、それらに共通の命題が新たに導き出されることになる。

近藤は、経営したり、イノベーションを起こしたりする人は、帰納的に考える人でなければダメだと言う。飛躍した発想を経営に持ち込むほうが、おもしろいと考えている。そうしたイノベーターがよく使うのは、異なる事象の類似性からアイデアを生み出すメタファー（喩《たと》え）である。

「イノベーションは、帰納的な飛躍から生まれてきます。僕みたいにいい加減な人間はですね、『こういうことがあるよね、ああいうことがあったよね。だから、もっとここに飛ばしてみようか』と考える。そこに飛躍が生まれ、新しい価値が出てくる。スティーブ・ジョブズにしろ、誰にしろ、イノベーションを起こす人たちは、そういうイノベーションの新しい〝箱〟を作っています。

「演繹法」と「帰納法」について

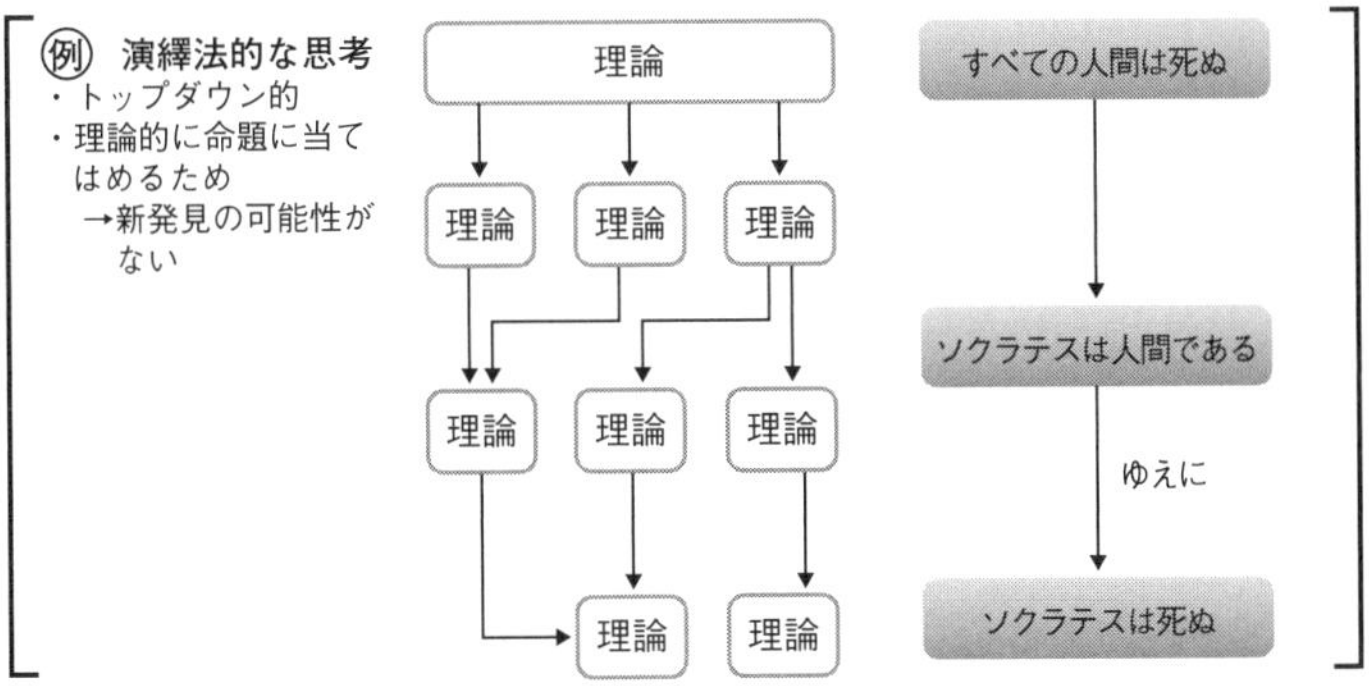

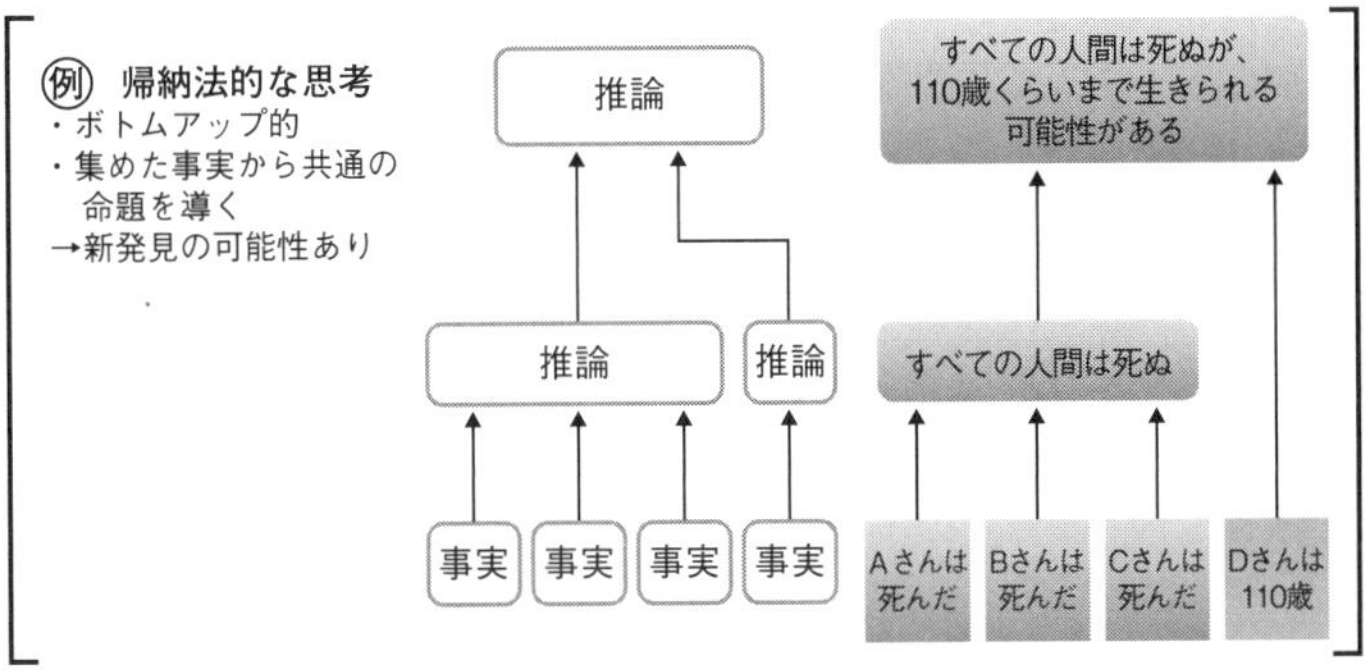

イノベーションは「帰納的」飛躍から生まれる

・イノベーターがよく使うのは、異なる事象の類似性からアイデアを生み出すメタファー（喩え）。そういう「跳んだ帰納法」をアブダクション（発想法）という。

出典：DIAMOND online「MBAでは教えない【知識創造の方法論】～あなたの思考は演繹法か？　帰納法か？」（野中郁次郎・一橋大学名誉教授）

ハーバード大学とかのビジネススクールの人たちは、わりとそれを理論化しようとするけど、それは形式知を理論のように言っているだけで、理論じゃないんです。
ですから、自分自身の経験を積み上げていくことのほうがはるかに大事。そして、新しいところに飛躍することをぜひやらないと、イノベーションは生まれない。リコーの創業者である市村清から、僕はそういうことを学びました」

既存技術・開発体制全面刷新の衝撃

現在、リコーがカラーデジタル複合機に採用しているのは、4連タンデム方式というものである。これは、CMYK4色トナーを並列に並べ、中間転写ベルトの上に像を一回作って、それを高速で転写するというやり方だ。

しかし、近藤が複写機のデジタル化を断行した頃には、リボルバー方式という仕組みだった。

リボルバー方式は、ピストルのリボルバーに弾が何発か入っているのと同じで、丸いドラム中に現像ユニットが4色入っており、それがくるくる回りながら感光体の周りに1色ずつ刷っていく方法だ。

当時は、キヤノンやゼロックス、他の会社もリボルバー方式を採用していたが、常に中でト

複写機市場のパラダイムシフト

デジタル化、MFP化、ネットワーク化、カラー化と
継続的に顧客価値を創造

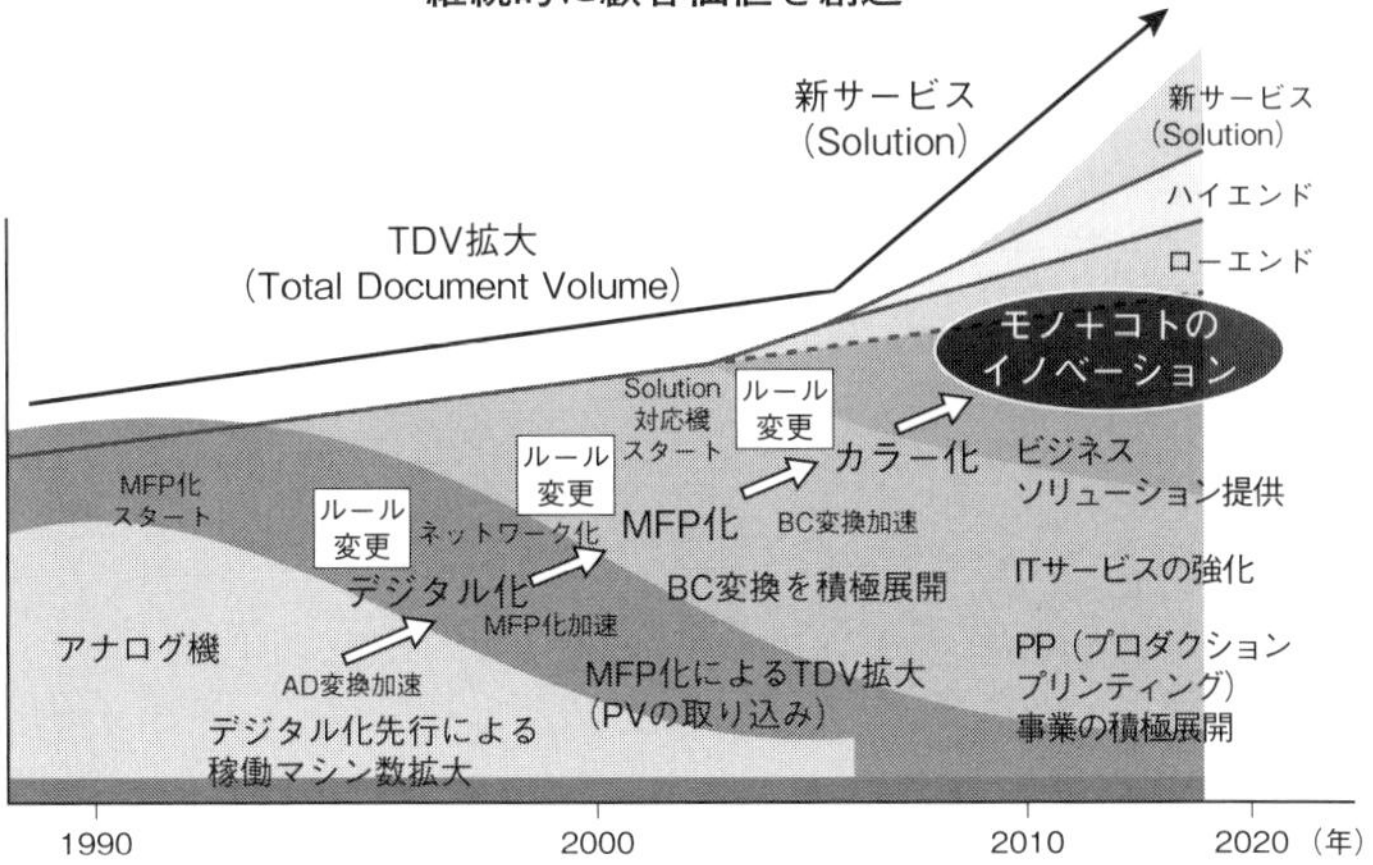

ナーが暴れているので、濃淡が出たり、画像がよく出なかったりした。当然、クレーム続出である。

しかも、メンテナンスに半日もかかることもあった。その様子を初めて見た近藤は、驚いてひっくり返りそうになったという。機械を組み立て直しているのと、ほとんど同じだったからである。

近藤は、「こんな方式は絶対ダメだ」と思い、不安定な要素の多い古い技術を全部捨てさせた。そのために数十億円単位のお金を使って、すでに市場で死刑宣告を受けたような出来の悪い商品を顧客から買い取り、新しい機械に替えてもらった。

「僕は、思い切りはすごいんですよ。泣こうがわめこうが、全部やっちゃう。カラー

複写機の品質は滅茶苦茶《めちゃくちゃ》で話にならないし、儲《もう》からないし、それに、作像エンジンの制御がうまく機能していなかった。『なんでこんなものを作ったの？』と思うくらい、僕から言わせれば不安定な作りでした。それで、全部変えさせたんです」

近藤が手作りの開発からシステマティックな開発へと変えなければならないと考えたのは、カラーデジタル複写機の開発がきっかけだった。

このとき、商品化が遅れ、完成した商品にも満足できなかった。近藤は、旧来型のやり方に限界を覚えるとともに、技術的に一つ上のステージにあがるためには、開発システムを根本から見直さなければならない、と考え始める。

「色は、シアン（青）、イエロー、マゼンタ（紫がかったピンク）、ブラックの４色で構成されますが、一つひとつの画素の大きさや配置によって、色合いがまったく違ってくるんです。でも、利用者が何枚刷ろうとも、すべてが同じ色合いでなければいけない。赤の色調が１枚目と１０００枚目で違ってもらっては困る、という要求になるわけです。一色ごとに電気的に版を作って、そこにトナーをつけて版を４枚重ねていくわけですから、ミクロン単位のコントロールが必要になる。ところが、技術が追いつかないんです。会社に入って、いちばん苦しい局面でした」

そこで、近藤は開発システムを変える決断を下す。

「開発システムを、開発の初期段階で、頑強な技術、安定性の高い技術を選んで鍛え、苛烈《かれつ》な作り込みをすることに変えたんです。ロバスト性の高い（温度や力など外部条件の変化に対して安定性が高い）技術に関する知識、ノウハウを体系化してナレッジ（付加価値情報）とし、それをさまざまな機種に使っていく。昔は製品を大事に育てていこうというやり方でしたが、技術を最初から徹底的に鍛えるという、まったく逆のやり方です」

そのために、組織も変えた。プロジェクトチームのように小集団でやるような開発スタイルではなく、機能ごとに専門集団方式にした。

「僕が開発のプロジェクトリーダーをしていた1980年代当時は、チームのメンバーは多くて100人程度でしたが、いまや500～600人が普通です。もはや、一人のプロジェクトリーダーで開発全体を統括できる時代でも、少人数のプロジェクトチームで個別に開発する時代でもなくなった。そこで、縦割りのチームではなく、たとえば設計であれば電気設計や機械設計、プロセス設計というように、機能で部署を横串にし、プロジェクトマネージャーが総括する開発体制に変え、開発作業が同時並行的に進められるようにしたのです。
この改革で、開発のスピード・精度は格段にアップしました」

第3章

作らずに創れ！

「試作レス」「評価レス」「検査レス」

近藤は、画像システム事業部長時代に、タンデム方式による1世代目のカラー複合機「J機」を手掛けた。

「J機」は試作の嵐で、大森事業所の部屋では収まらず、エレベーターの前まで試作機を積むほどであった。試作機を作ると問題が出て、それを潰し、また新たな試作機を作ることの繰り返しだった。当然、試作機の数に比例して、製作のための時間や費用も増加する。開発担当者の残業は200時間にも及び、過労から倒れる者もいた。

「いったい、何をやっているんだ！」

近藤は、「J機」の担当プロジェクトマネージャーと激しく対立、激論を交わした。

これまでの開発プロセスは限界に来ていて、開発現場では、試作機を大量に作らないと問題解決ができない体質になっていたのである。

「ところが、試作機を作れば作るほど問題が出てくるんです。その頃の試作機の数は、ひょっとしたら1000台作っているんじゃないかと思うほど多かった。それで僕、『センダイ（1000台／仙台）の前に、せめて郡山《こおりやま》でやめとけ』とジョークを言ったほどですよ（笑）」

膨大な数の試作機作りは、開発期間短縮の足かせとなり、商品コストを押し上げる大きな要因となっていた。

「これでは、いつ完成品ができるかわからない。当時は、社内の部門評価制度があって、日程遅れは減点となる。だったら長めの計画を作るか、やり方を変えるか、どっちかしかないわけです」

そこで、近藤はかねて考えていたことを実行に移す決断を下した。タンデム方式による2世代目のカラー複合機「AP／AT」というシリーズで、品質工学（後述）の導入を促すために、「製品開発では試作機を半減させる。徹底的に技術を鍛《きた》え込んでから入れろ」と、すべての設計者に「作らずに創る」ことを徹底させたのである。

これこそ、「試作レス」という、発想の大転換であった。

近藤は、設計開発のプロセス改革が、いまの日本のモノ作りの最重要課題だと考えている。その解決策の一つが、「作らずに創る」だ。「試作レス」「評価レス」「検査レス」までいかないと、これからの日本のモノ作りは弱くなる――と、近藤は考えている。

「品質管理と品質工学は決定的に違います。品質管理の手法を設計に持ち込むと、たいへんなことになる。品質管理というのは、毎日ラインで出てくる問題を解決すれば、機械はどんどんよくなるという考え方に基づいています。確かにそれは改善ですよ。だけど、設計はそもそも問題を出してはいけないんです。設計で改善をやってもらっては困るんです。無限ループで設計しちゃうから。

設計は、シミュレーションとか品質工学という強い技術をフロントローディング（生産の初期段階）でしっかりと作り込んで、モノ作りをしていく考え方をしないといけない。品質管理だとダメなんです。この闘いは、いちばん厳しかったんじゃないかな。設計は『繰り返し作る』ではいけないのです」

「作らずに創る」は、商品開発の期間を大幅に短縮し、高品質の商品を確実に創り出すための指針なのである。まさに、近藤ならではの「設計プロセス改革」であった。

徹底した5つの基本理念

近藤は、試作レスの指針「作らずに創る」を合い言葉に、現場の設計者をはじめ各部門の応援を受け、以下の5つの軸で「開発の効率化」と「品質向上」を追求し、実行した。

作らずに創る　～実現の5軸～

「作らずに創る」で試作機レスを追求

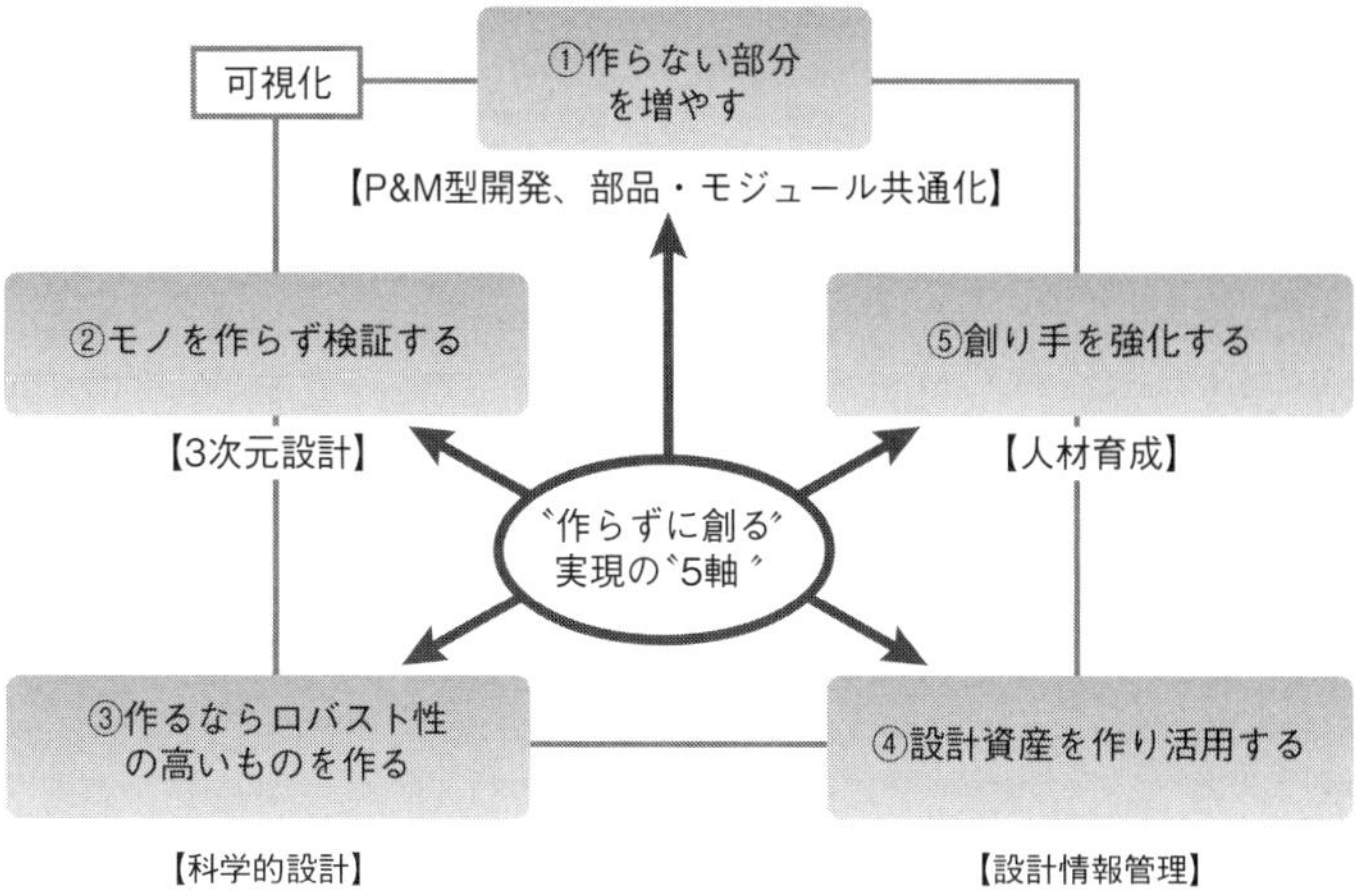

①作らない部分を増やす

プラットフォーム&モジュール型開発、部品・モジュールの共通化、つまり、既存の設計データを活用した「流用設計」ということだ。

商品開発では、すべての構成要素をゼロベースから設計することは稀《まれ》だ。たとえば自動車メーカーでは、シャーシ（車台）の共用など当たり前のことである。

ＭＦＰ（複合機）の場合、前身機の機能部品（モジュール）や、それらを一体化したユニットの多くは、設計を流用することが可能だ。プラットフォームをまず作り、モジュール化を徹底し、そのモジュールの組み合わせでモノを作る方法だと、新製品開発では当然、新規設計部分の比率が少なくなるほど「高品質・低コスト・短納期」が実現しやすくなる。

そこで、「積極的に新規開発する部分」と「なるべく使い回す部分」とで戦略的に分類を進めた。さらに新製品の構想段階では、シリーズ機3世代までの使用モジュールを決定した。これにより、事業戦略に基づいた開発ロードマップを作ることができるようになった。

また、プラットフォーム&モジュール開発を進める中で、新規部品の採用にもルールを作り、極力、共通化を進めるようにした。試作および出図《しゅつず》（製品設計が完了し、図面を出力すること）の段階で、自動的にデータベースと照合し、登録されていない部品が見つかると、設計者に通知が発せられる仕組みも作った。

当時のプラットフォームは、「出力はフルカラーかモノクロか」「紙の搬送経路はどういうタイプか」などで製品を分類する概念に留まったが、モジュールのほうは、「読み取り」「画像の定着」といった複写機の基本的機能を分類したもの（リコーでは「ユニット」と呼ぶ）で実物が存在した。

新製品の設計では、プラットフォームを確定し、それに適するモジュールを組み合わせていく、という手順が踏まれた。

②モノを作らず検証する

3次元のCAD《キャド》やCAE（コンピュータ支援工学）によるバーチャル試作などで開発製品を

評価する。

試作機を作っても、複雑で高機能な製品を評価しきれるものではない。たとえば、製品の筐体《きょうたい》や構造としての強度を確保していくとき、強度解析ソフトと品質工学を組み合わせたシミュレーションによってバーチャルな評価を行うほうが、試作機を作るよりはるかに精度の高い結果が得られることがある。

この方法の優れている点は、顧客が通常とは極端に異なる環境下で製品を使うケースを想定した評価もできること。これが、コンピュータ・シミュレーションの最もよい点である。

当時は3次元CADで設計していたので、シミュレーションが相当できるようになっていた。近藤は、「設計開発から一発で量産を立ち上げよう」との方針を打ち出し、専門スキルを持った大量の社員をシミュレーションに投入した。

③作るならロバスト性(堅牢性)の高いものを

部品・モジュールの共通化を図っても、流用設計ばかりでは、新技術を取り入れた商品を生み出すことはできない。新規に作るならば、科学的設計、品質工学を導入した技術にロバスト性(堅牢性《けんろう》)を埋め込むことにより、より高品質のものを作る。

品質管理は製造工程など繰り返しの作業に適用するものなので、先に近藤が語ったように、設計の中にその手法を持ち込むのは避けるべきである。

④設計資産を作り活用する

開発のスピードアップを図るために、設計ツールを蓄積・共有する活動を強化し、設計者の誰もがすぐに設計に関する情報を入手できる仕組み作りをした。

⑤創り手を強化する

人材育成と、その仕組みの構築だ。リコー流仕事術の導入などを進めた。新入社員のときから、「作らずに創る」の理解と実践に必要な教育プログラムを確実に習得させ、市場の変化や技術革新に対応できる設計者を育成することで、従来の試作型開発を根本的に変えたのである。

フロントローディング型の開発プロセス

なぜ、近藤はこんな奇想天外なことを考えたのか。

彼自身は次のように説明する。

「それまでの開発は、個々のチームがバラバラにやっていて、試作を何回も何回も繰り返していました。しかし、僕には、それが無駄な作業に見えてしかたがなかった。

テレビでよくやっている成功物語の番組がありますね。徹夜しながら頑張って、いい商品ができた……という。かつては僕自身、そういうことをやっていた時代もありました。それを捨てろ、と言ったんです。『あれをやっているうちはダメだ。早く家に帰って、できるだけ頭の中で創れ。試作機を作らないプロセスを目指せ』と。２０００年のことでした。いまでは『評価も徹底的に短くしろ』と言っています」

ということは、検査もいらないのだろうか。

「最後は検査レスまで行きますね。いまはまだ、検査をやっていますけれど。

要は、『技術を鍛えろ』ということですよ。完成していない技術を適当に商品開発の中に入れるな、ということを徹底したんです。その技術を選ぶ手法が、品質工学でやっているシミュレーションの技術であったり、シミュレーションと品質工学と統計的な処理の組み合わせであったりするわけです。これは、一般の方が見てもおもしろいと思いますよ」

品質工学とは、技術開発・新製品開発を効率的に行うための開発技法だ。考案者である工学者の田口玄一《たぐちげんいち》の名前から、「タグチメソッド（ＴＭ）」とも呼ばれている。

「タグチメソッドは、とにかく技術を鍛えるんですよ。徹底的にいじめ抜いて、つまらないDNAの技術はみんな間引いて、よいDNAの技術しか残さない。簡単にいうと、そういう開発の手法です」

「試作機をまったく作らないわけではないんです。だけど設計のプロセスに入る前に、技術の完成度を徹底的に高めていく。どこで使っても、あるいは長時間使っても壊れない技術を作り込んでいくんです」

先にも紹介したが、「ロバスト性」という言葉がある。外的要因による変化を内部で阻止する仕組みや性質などを意味する。平たくいえば、ロバスト性が高いとは、頑丈で故障の心配がないということだ。近藤は、半完成品のプラットフォームを作り、精度を高めていき、曖昧《あいまい》さや揺らぎ、不確実性による影響を最小限にしようとしている。

「そういう仕組みを作ったから、中途半端に設計には入らせないんです。コストの見極めができないと入れないし、技術の完成度が高くないと絶対にノー。そこから先へ進ませない。中途半端に新製品なんか作るな、それだったら遅れたほうがいい、というぐらい。その中で、新しい手法をどんどん作らせる。

だからシミュレーションの技術はものすごく進歩しました。２０００年からの改革です」

開発のごく初期段階では設計主導だが、バーチャルな検討に入る段階で生産部門も参加し、曖昧なところを残さないようにした。設計技術者と生産技術者が同じ実験室で、同時進行で、「こういうふうに創りたい」「こういう設備で創ろう」と議論し、設計もそれを前提とした。

コンピュータ・ディスプレイ上の3次元画像を見ながら、設計から組み立て方法、加工の仕方、メンテナンスの作業性まで、すべてシミュレーションに基づいて議論するこの方法により、後工程での問題や不具合の発生は激減した。こうして、コンピュータを使った設計が大きく進歩したのである。

「モノを作らずに創るというロジックで人を鍛え、設計資料を共有する。そういうことをみなが織《お》り込み済みでやり、同期の鹿島部長は一生懸命手を入れてくれました。本当に僕は、人に助けられているんですよ。『こうしたい』と言ったら、必ず誰かがやってくれるから。

ＭＦ２００を作るときも、僕を敵みたいに思っていた若林さんが変身して、よしやってやろうじゃないかと、大喧嘩しながら一緒にやってくれた。やっぱり人間って、喧嘩したほうがいいんですね。お互いに軸があるから喧嘩をするわけだから。

ただ、軸を持たないけれど人の言うことを聞かない、という人もいますから、喧嘩してわかってくれる相手を選んで喧嘩すべきだとは思いますけどね（笑）」

改革はいま、着実に実を結びつつある。試作機の台数は大幅に削減され、試作による評価回数も減少している。

「必ずフロントローディング（工程の初期）でよい技術を作り込む。そして、よい技術を育成していく。われわれは、品質工学とシミュレーションを組み合わせた、フロントローディング型の開発プロセスを導入したのです。これは、開発プロセス改革への挑戦でした」

そう語る近藤の表情は、誇らしげであった。

新人は1年間、徹底した専門教育

「作らずに創る」のほかに、リコーグループ全体としては、もっとたくさんの改革が必要だった。

たとえば、販売部では目標管理のために、バランススコアカードで社員一人ひとりの売り上げを管理したり、一つの商談を一人ひとりの成果に割って書いたり、その他さまざまな伝票を書いたりしているが、近藤はこれを問題視している。

「そんな伝票ばかり書いていて、どうするんだということですよ。外から見たら、何の価値もない仕事ですね。ですから、『リエンジニアリング革命』（マイケル・ハマー、ジェイムズ・チャンピー著、日本経済新聞社）という本を買って幹部に読ませた。もう絶版になっているから、アマゾンで残っているのを全部買わせて渡した。そこまでしても読まない人もいるんです。勉強しないんですね」

さらに近藤は、リコーテクノロジーセンターに複写機の商品開発にかかわる人を全部集め、生産系の人たちの知恵を借りて実験室の環境を整えた。

「2005年に、大森の事業所にいた研究開発の連中のうち、ハードウエアの設計者とエンジンの設計者を全部、神奈川県の海老名《えびな》市に移したんです。僕は海老名の近くの厚木市に住んでいますから、所長として本社から海老名に移った。これで余生を楽しく送ろうということで（笑）。

人さまに見せられる実験室にしなさいということで、そこで生産技術者と設計者を一緒にしたんです。これで、精度の高い実験ができるようになった。測定器もみんなアウトソーシングで出し入れできるようにするとか、いろんなプロセス改革をやりました」

また近藤は、2000年、新入社員を対象にしたソフトウエア教育プログラムを全面的に変えた。

「それぞれの専門性に応じた教育をほぼ1年、徹底的に受けてもらう形にしました。講師は専門会社に派遣してもらっています。お金もかなりかかります。それこそ本当に隔離《かくり》して教育するんです。1年間も新人を現場に配属しないことについては、内部からもいろいろ言われました。それでも、この制度はいまも変えていません。

また、『ペアリーダー制度』といって、中堅社員をチューターとして新入社員につけて、「1年間何をやってもいい」という仕組みも作りました。

テーマを決めてやらせています。ソフトウエアの技術者は、配属先にすぐ行かせないで、1年間、海老名のリコーテクノロジーセンターにカンヅメにして研修させる。頭が柔らかいから、すごくいい仕事をしていますよ。

むしろ、指導する人たちのほうがたいへんです。彼らにとっても、人を教えることから学ぶことはよいはずだと考えたのです。現場には、『チューター役は、教育のできる優秀な人間にしてくれ』と注文しました」

こうして1年間、みっちり鍛えられる技術系の新入社員たち。4〜5年経てば最初の〝卒業生〟たちが、新人のよき相談相手、指導者として育ち、さらに設計の核となってくれるという好循環が生まれている。

こうした近藤の人材育成の目的は、「イノベーションとは新しい顧客価値の創造である」ということを新人の頭に叩き込むことにあった。

その背景に、自身の実体験がある。

近藤がリコーに入社してまず配属されたのは、ファクシミリの開発部隊だった。そこは外部から中途入社した人が大半だったので、先輩に〝リコー流〟を押しつけられることなく、比較的自由に、いろいろなことを教わりながら育つことができた。

「モデムとはどんな機能を持ったものなのか」「データ圧縮とはどんなことをしているのか」「プロトコルというのは、あいさつみたいなものだ」……等々。デジタル時代の初期に、根本的なことを知ることができた。

「ところが、最近の技術系新入社員は、大学の研究室出身でレベルは相当高いのですが、人数が多いせいもあり、入社してすぐ、まとまった教育も受けないまま現場に送られてしまっていました。

　すると、配属先ごとにバラバラな教え方をするし、ソフトウエアの分野では自分が苦しんだ古いやり方を仕込んでしまう先輩もいる。新人の教育に、当たり外れが生じてしまう傾向があったんです」

　そこで、新人社員にイノベーションというものを集中的に考えさせる。近藤の揺るがない信念であった。

「市場調査を信じるな」

　画像システム事業本部長に就任した頃から、近藤は、自分がどういう発言をし、どういうことをやってきたかを記録に残している。時代時代で、自分が仕事とどう向き合ったかの記録だ。それは自分史であり、リコーの会社史である。

「僕はね、会社の経営は自分一人でするものじゃない、チームでやるべきことだと思っている。だから、自分の発言や行動を書き残して、あとから来る人たちが見られるようにするほうがいいという考えがあるんです。組織で動く、システムで動く、というふうにしたかったんですよ。浜田さん流に言うと、『随所《ずいしょ》に主《しゅ》となる』という考え方です」

その浜田に、近藤は激しく叱責されたことがある。

「2001年か02年頃だと記憶しているんですが、ラスベガスのコムデックス（IT関係の展示会）の会場で、当時会長だった浜田さんに2時間くらい、コテンパンに叱られたんです」

当時、シリコンバレーのリコーの研究所が、新しいストレージの装置（オフィスのトランザクションを全部記憶していく装置）を作った。それを発売するにあたって、値付けのやり方がまずかったのだ。

浜田はマーケティングの専門家だった。ところが、この「e-Cabinet」の開発リーダーは、調査会社の人間（コンサルタントのような人）を雇って、その値付けを調査させたのである。日本円でいうと、当時コンピュータが20万円くらいの時代に、そのストレージの装置に130万円くらい（当時のレートで1万ドル程）の値付けをした。

近藤は、「そんなに高く売れるわけがない」と思ったが、調査した人は、「20万～30万円で売るのと130万円で売るのと、調査の結果に何も差がない」と言う。いま思えば、調査のやり方も実にいい加減だった。

それに対して浜田は、「なんて馬鹿げた値付けをするんだ」と、素朴な疑問をぶつけたのだ。「ストレージは、アイデアとしては悪くはないが、値付けを間違えているよ。こんな値付けをして誰が買うのか」ということを含めて、

「随所に主となっていない」

と言ったのである。「随所に主となる」は、浜田の座右《ざゆう》の銘《めい》だ。どのような場所にあっても自分を見失うことなく、主体的に考え行動せよ、という教えである。

2時間怒られた近藤は、浜田の叱責の内容を一言一句漏らさずにメモし、当時社長の桜井《さくらい》正光《まさみつ》に渡した。浜田は、このようなことを許す経営システムに対して腹を立てたのだと思ったからだ。

この出来事から近藤は、「市場調査の結果など信じるに値しない」ということを学んだ。スティーブ・ジョブズも、iPadの開発に関して、どういう調査をしたのかという記者の質問に対して、

「そんなもの（市場調査）はない。自分が欲しいものを知るのは消費者の仕事ではない」

などと言っている。ソニーの創業者の一人、盛田《もりた》昭夫《あきお》も、ウォークマンの開発の際に同じことを言ったとされる。

商品の価値を最も理解しているのはエンジニアであり、実際にそれを作っている人間だ。使

ったことも見たこともない人たちに調査をしたところで、わかるわけがない。盛田もウォークマンを作ったとき、市場調査などいっさいしなかったという。

「本質的に浜田は、ストレージに対して価値を認めていなかったと思うんです。実は、ストレージを作らなくても、通信の記録は全部サーバーの中に残せる。ドキュメントのストレージ以上に、実際にはコンピューティングの進化のほうが早かったということです」

そこのところを浜田は見ていて、「ストレージにそんな馬鹿げた値付けをするほどの価値があるわけない」と怒ったのだと、近藤は思っている。まさに浜田流、「随所に主となる」マネジメントなのだと考えた。

第4章

「千年に一度」の激動期を乗り越えて

社長就任、「大企業病」との闘い

2007年4月、近藤は、リコーの6代目社長に就任した。

「そのときの印象は、『この会社は、このままではいかん。まともに行くわけはないな』というものでした。僕から見ると、リコーは明らかに大企業病に冒されていたのです」

近藤はどういう現象を見て、「大企業病にかかっている」と確信したのか。

まず、社員の行動では、①問い合わせの電話が2回以上転送される。当事者意識が希薄だったため起こったものと考えた。②担当者ばかりで、なかなか責任者が出てこない。リーダーの不在から生じる問題だった。

さらに組織面では、①名刺の部署名が2行以上ある。各階層組織で責任を分散しすぎている、と見た。②社内向けの報告書がやたらと多い。管理主体の組織風土から来る問題だと考えた。

また、プロセス面では、①営業担当者が顧客のところに顔を見せる頻度が少ない。売れる営業ほど内向きの仕事で忙しいからである。②商談から納品まで、営業担当者の入れ替わりが激しい。バケツリレー型の業務プロセスであることに原因があると考えた。③社内の別部門が「お客様」のようになる。セクショナリズムが進んでいるためと見た。

大企業病とは、どういうものか。近藤自身はこう語る。

「まず、多階層になっている。外から見ても内から見ても、誰が何をやっているのか、よくわからない組織です。リコーの階層は深くなっていた。アメリカの会社には階層が11もある会社があった。これは、社員が辞めないための方策としていろいろな中間層を作って、給料に差をつけるからです。M&A（企業の合併や買収）をやったら、すぐにどんどん階層を浅くして人を切っていかないと、とんでもないことになる。みんな給料高いですからね。いまも、絶対、4階層以上に増やしちゃダメだと言っています。

しかし、買収後の統合は難しい。特に海外の会社の買収の場合は、誰がキーパーソンかがなかなかわからないから、なおさらですね」

「それから、管理することが仕事の主体になるため、社内向けの報告書類がやたらに多い。社内向け書類が多いのは、サービスするリコーにとってみると喜ばしいのですが、当事者となると、悪夢のような話になる」

「社員個々の目的と役割意識が希薄になっている。これも大企業病の症状です。とりわけ当時のリコーは、営業部門の症状が重かった。リコーは、『販売のリコー』といわれている会社です。発祥の地であるという理由だけで、東京・銀座に本社を置いています。ところが、そこでやっていることといえば、外向けの仕事ではなく、内向きの人事評価などのオペレーションでした。銀座の一等地で、お客様に何も価値を生み出さない内向きの仕事をやっていたんです」

それに加えて当時のリコーは、買収に次ぐ買収で、金のかかる会社になっていた。それまでもリコーは、欧米企業のM&Aによる「グローバル化戦略」を積極的に展開していた。デジタル化とグローバル化の両輪で、世界中に販路を拡大し、業績を伸ばすことが目的であった。

ちなみに、実行した主なM&Aは次の通りである。

1995年3月　セービン（米国）、事務機販売
1995年9月　ゲステットナーホールディングス（英国）、事務機販売
2001年1月　レニエワールドワイド（米国）、事務機販売
2004年3月　日立プリンティングソリューションズ、プロダクション印刷
2006年10月　ダンカビジネスシステムズ（米国）の欧州事業、事務機販売

２００７年１月　ＩＢＭ（米国）の印刷機器事業、プロダクション印刷

これら企業の買収と再構築の軌道化に経営資源を集中させるあまり、イノベーションを起こすことも、新しいマーケットを育てることもできていなかったとしたら致命的である。

みずからが技術革新を行い、みずからが新しい技術を育て、みずからが新しいマーケットを育てる。それこそが創業以来継続してきたリコーの企業文化であり、リコーの強みであったはずだ。ところが、マーケットを「開拓する」のではなく、「買っている」部分が相当あったのである。

「買収をやり続けていくと、社員は、マーケットを自分で開拓し育てることを忘れてしまいます。会社は管理さえすれば永久に儲《もう》かる、と考えるようになってしまうのです」

そのため、急成長の陰で危機が忍び寄っていた。新しい技術もマーケットも育ててこなかったツケが回ってきたのである。

その後、近藤は、２００８年に世界最大の事務機販売会社アイコン・オフィス・ソリューションズ（米国）、続いて２０１１年にペンタックス（ＨＯＹＡのカメラ事業部）の買収を実施

している。

アイコンは、リコーの有力なOEM（受託製造）納入先であった。当時、営業赤字で経営不振に陥《おちい》り、買収先を探していた。

アイコンが欧米で販売していた事務機器のうち、リコー製は3割だった。それならば、リコーが買収して、アイコンの取り扱う製品を全部リコーに転換したほうが得策だと判断し、買収を決断したのである。その後、近藤はアイコンの資産のスリム化やシステム統合などを着々と進め、米国現地法人の子会社とし、成果を挙げている。

売り上げ2兆円でも流出し続ける利益

実はこの時期は、リコーにとって3度目の危機であった。

1度目の危機は、創業者である市村清社長の時代だ。1965年、東京オリンピック後の反動で景気が落ち込み、無配に転落した。しかし、同年9月に発表した「電子リコピーBS－1」が大ヒットし、業績は急速に回復。感光紙の製造販売から、オフィスオートメーションの機器とサービス提供へと向かう転換期となった。

「僕は1973年入社なので、この危機のことは直接は知りません。通説では、オリンピック

リコーの業績推移と3度の転機

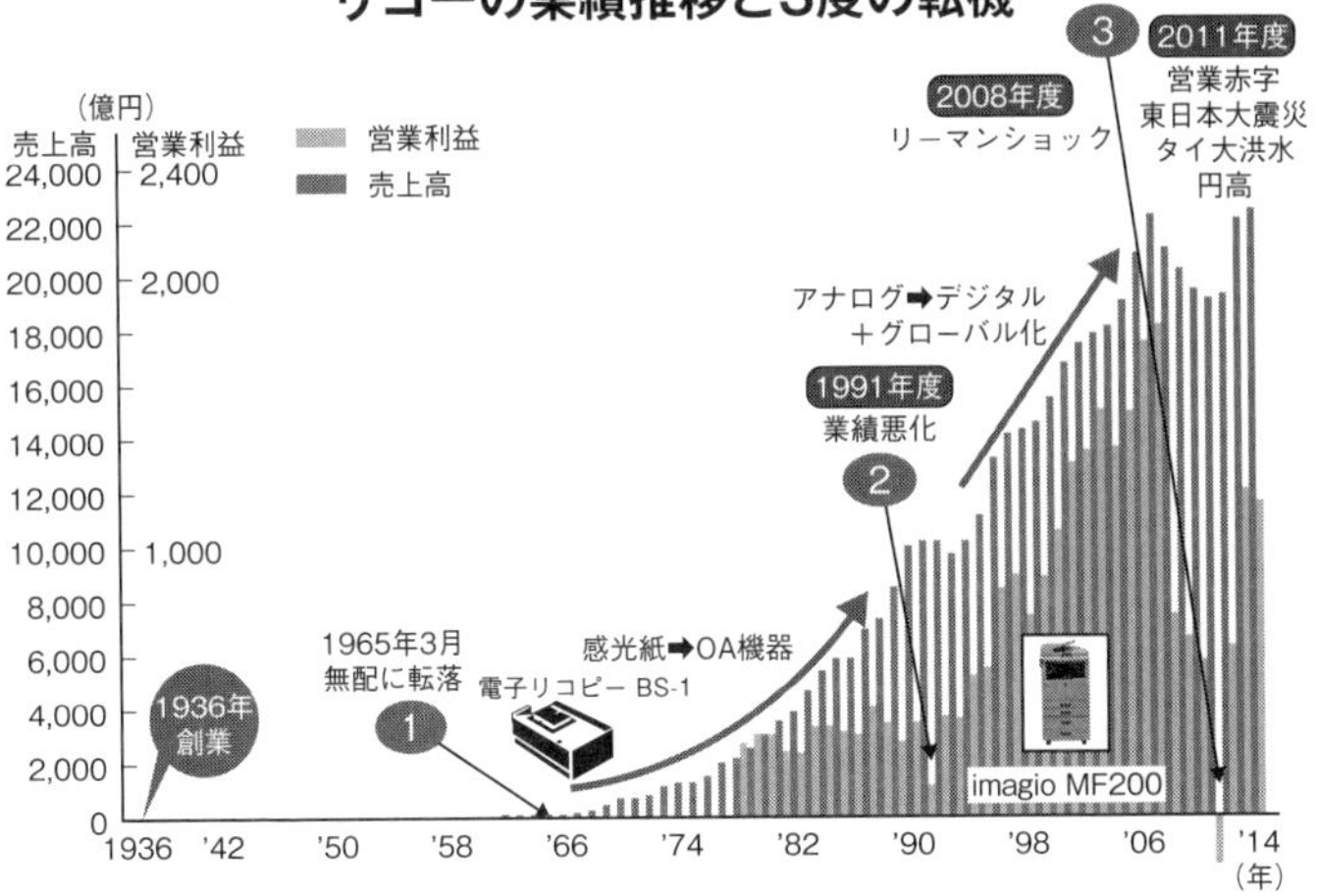

のあとというのはリセッション（景気後退）になるそうです」

2度目の危機は1991年、4代目社長・浜田広の時代だ。

第1章で詳述したように、アナログ複写機時代の末期で、デジタル機へ転換するタイミングであった。そのため、両方の開発費が重複したことと、デジタル機が思うように売れない、儲からないという状況だった。これに加え、バブル経済崩壊の予兆により業績が著《いちじる》しく落ち込んだが、近藤が開発した「リファクス100L」「200L」の世界的な大ヒットや、その後のデジタル化で立ち直っていった。

ところが皮肉なことに、その近藤が社長になった2007年頃から、3度目の大きな危機を迎えることになったのである。

「売り上げ2兆円にもかかわらず、利益が滝のように落ちていました。減損（処理）して赤字決算したんです」

「こういう状況を誰が作ってしまうのかというと、景気だけではなく、トップが作るんですよ。大企業病です。偉そうにふんぞり返って後ろにつっかえ棒が要るような人が、いっぱい出てくるわけです。で、『私のところに来て報告をしなさい』『私が決めてやる』などと言う。

そういう組織って、その人が組織のボトルネックになっていて動かない。また、経営の効率化のためにさまざまな部署でＫＰＩ（重要業績評価指標）を設定したが、ＫＰＩ算出のために業務が発生し、成果指標算出のために新しい伝票とプロセスが生まれる。

あの頃のリコーは、そういう会社になりつつあったんです。管理ばかり優先されるから、現場の人間が全然大事にされなくて、管理のスタッフばかり昇格していく。そうなると、本当にダメですね」

２０１１年には、東日本大震災やタイの洪水、円高などの特殊要因が重なったため、１８０億円の営業赤字が出るまで業績は落ち込んだ。

「利益を生まない仕事はいっさいやるな」

とにかく、いまの状況を変えなければいけない。大企業病を治すには、普通の改善ではダメだ。近藤は一気に改造することを決意し、「成長」と「体質改造」の同時実現を目指した。

「以前から体質改善と言ってはいましたが、現実にはそれじゃ間に合わない。組織を作り替えなきゃいけない、という危機感を持っていました」

一刻も早く、リコーを「筋肉質な体質」にしなければダメだ、との考えから、社長になるとすぐ、本格的に財務の勉強をして、P／L（損益計算書）とバランスシートへの理解を深めた。資産を圧縮し、経費削減して、もっと「稼ぐ力」をつけることが最大のポイントだった。

このとき図式化したのが次頁の図である。

これは、近藤が社長就任のあいさつで、未来に向けた「イノベーション」の実現とともに、リコーを「筋肉質な体質」に改革するという決意を述べたときに提示した資料であった。

近藤は、バリューエンジニアリング（VE）の価値比率「V（価値）＝F（機能）／C（コスト）」の考え方を導入した。Vの向上のためには、コスト削減と同時に機能を高めていく必

「成長」と「体質改造」の同時実現

（リコーグループの企業価値向上に向けて
・VEの価値比率（V＝F/C）の考え方
（VE：Value Engineering　価値工学））

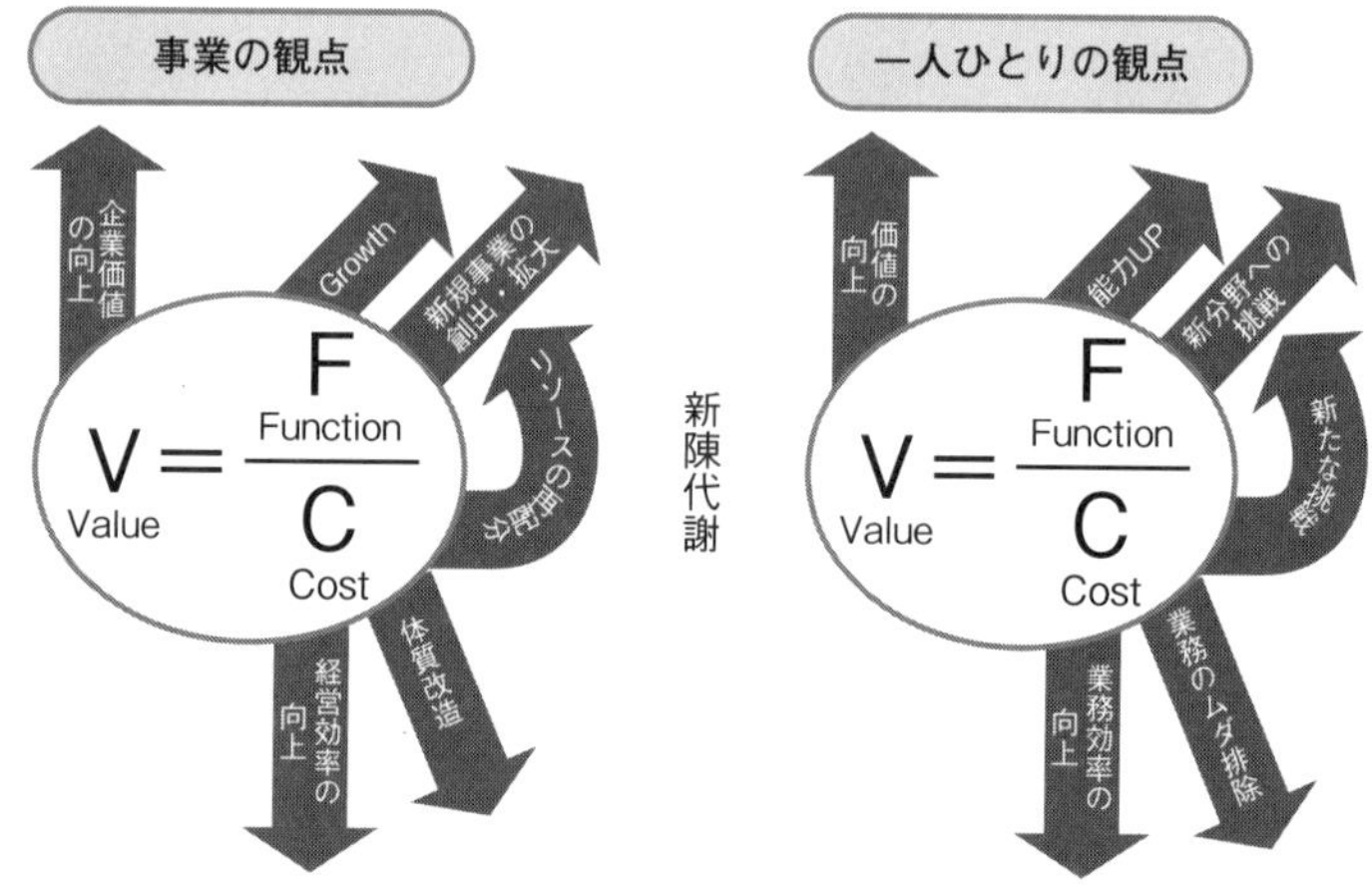

要がある。機能の向上では、新しいイノベーションによる新規事業の確立、製品の価値向上は基本機能の差別化が前提となる、とした。そしてコスト削減は、経営効率の向上を目指すものだ。

また、社員一人ひとりにおいては、「機能の向上」とは日々の業務の能力向上のこと、さらには新しい業務や新分野へ挑戦すること、であるとした。「コストの削減」としては、業務の無駄の削減に挑戦することとした。

「自分の仕事がどういう価値を持っているか、いつも見直してほしいと

爆発チャート

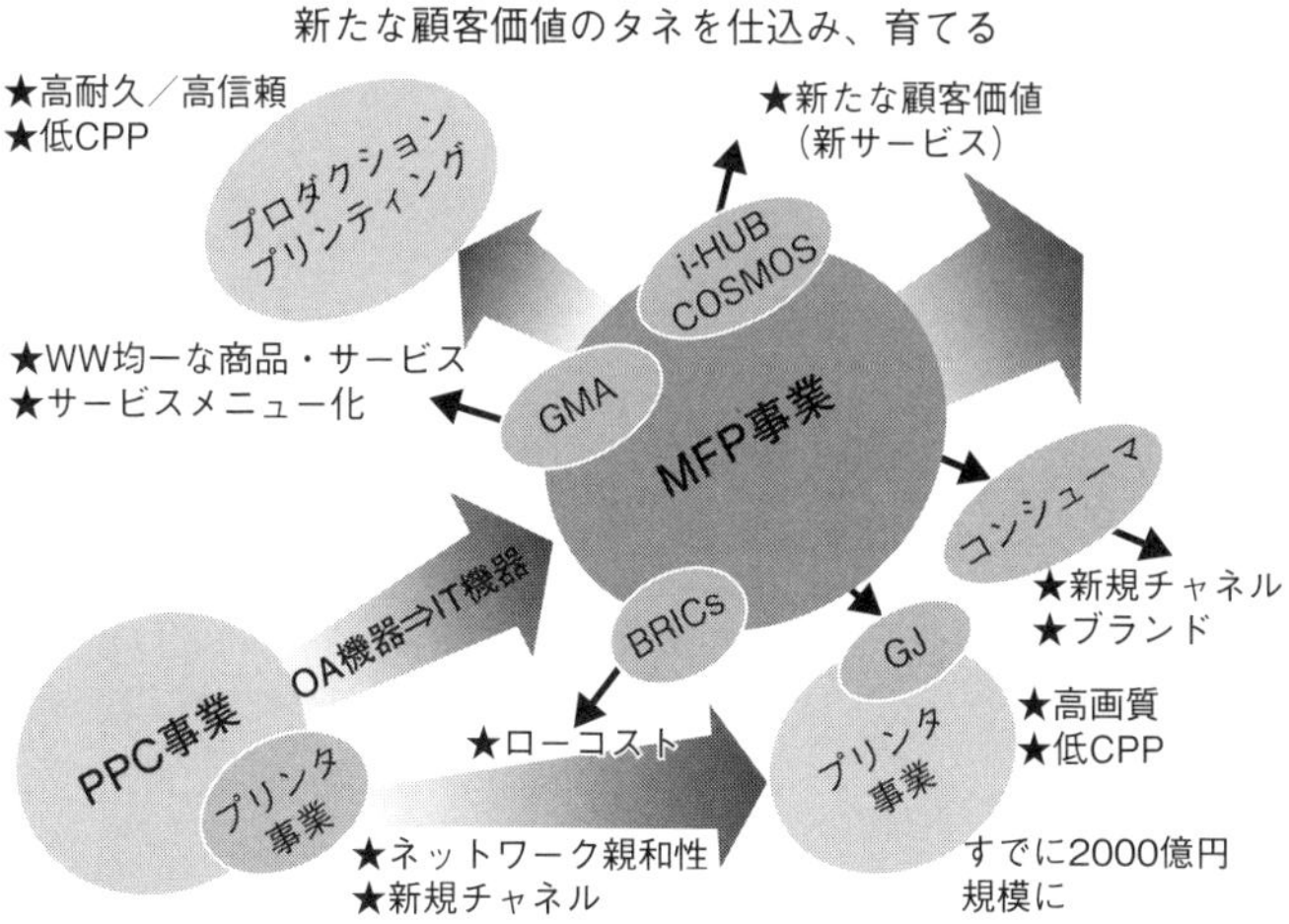

社員に言いました。顧客価値を生まない仕事をいくらやってもダメだよ、ということです」

上の図をご覧いただきたい。これも社長就任時のあいさつで社員に見せた資料だ。近藤は、これを〝爆発チャート〟と名づけた。

「収益力を高めると同時に、資産を圧縮してもっと本当に稼げるようにしないとダメだということで、このチャートを作ったんです。こんな形で事業を伸ばしていこうじゃないか、と言いました」

経営体質の改革には、2007年

度末から着手した。

「2007年度は過去最高となる1800億円超の営業利益を生み出し、かなり好調でした。しかし、実情は為替に助けられていた部分も大きかったのです。いま考えてみると、バブルの絶頂期にいたのです。グループの収益を支える新規事業がなかなか育たない状況で、国内外での業績の先行きにも不安があり、内向きの施策で効率を上げようとする体質になっていました」

そこで、内向き仕事はやめて、顧客向きの仕事をするようにさせた。内向きの仕事から顧客価値向上の仕事へとシフトし、組織の基本機能に集中することを前提とした。そして、管理主体から現場重視へ転換するよう促した。

さらに、無駄をなくすために、事業部長時代に出した「試作機をゼロに！」という強烈なメッセージを、よりいっそう徹底した。

ところが、である。誰も言うことを聞いてくれない。29ぐらいのプロジェクトを作ったのだが、社員たちはほとんど動かず、社内は本気になって改革する雰囲気には至らなかった。

それはなぜか——。

その頃のリコーは12期連続増収増益で、社員たちは「勝ち組」「2兆円企業」などといわれ

内向き管理をやめ、お客様の現場へ

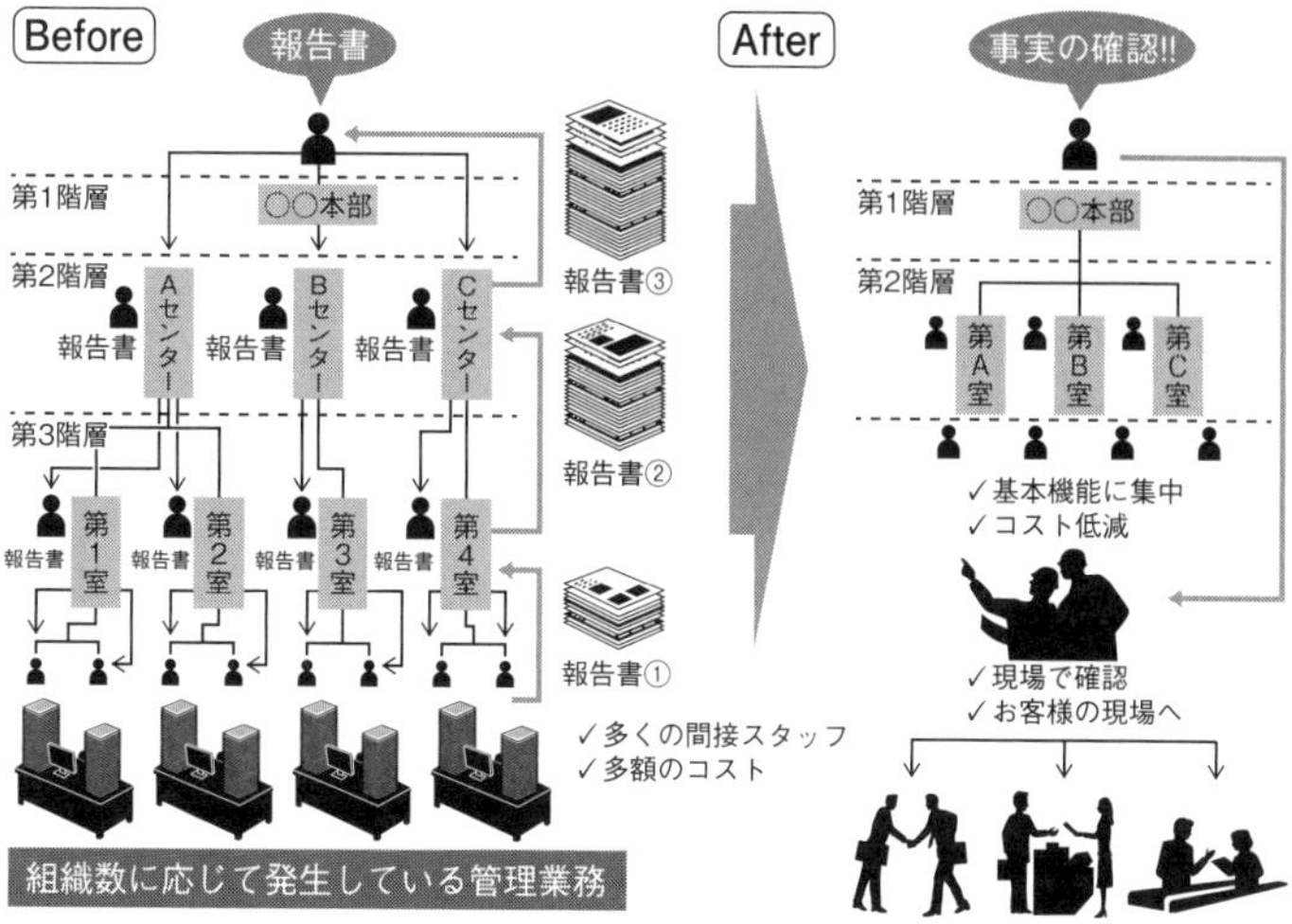

て浮き足立っていたのである。

「増収増益の連続で来ていましたから、社員たちは慢心し、『自分たちは強い』と思っていました。誤解しているんです。それ自体が大企業病だということです」

「利益水準を維持、向上させていくためには、『いまを稼ぐ販売と、未来に稼ぐためのマーケティングの立て直し』が喫緊の課題でした。社長就任当初から、販売をはじめ開発、生産、本社部門と多岐《たき》にわたる構造改革プロジェクトを複数走らせましたが、一見すると従来の水準に比べてかなりの利益が出ている状況ですから、現場はなかなか動かなかったですね」

そこで近藤は、トップOAディーラー会の壇上で、「利益を生まない仕事はいっさいやらなくていい」と強調した。

「営業は、受注を取るまでが仕事。その後のプロセスは、次のプレーヤーに引き渡す。プロセスごとに仕事の標準化を行い、仕事を分担する。オペレーションの仕事は、将来的には中国なりインドなりにアウトソーシングしようよ、と僕は言ってきたんです」

一方で、近藤はこうも語っている。

「リコーをサービス業化するため、どんなに苦しくても、どんなに利益が出なくても、新しいサービス業を起こそうよ、と言ってきました。いまも然《しか》り。企業というのは、これを仕掛けない限り、元気をなくしてしまいます。とくに困難なことをやるときは、明るいことをいくつも同時にやりながら進めるほうがいい。

いまは、新しい事業をやりたいという社員が、どんどん出てきています。現在のリコーも決していい状態なわけではないけれど、あのとき改革を断行していなければ、この会社はどうなっていたかわからない、という思いが僕にはありますね」

M&Aをブースターにする成長戦略

欧米企業の買収は浜田広社長の時代にも多い。リコーは、アメリカでもヨーロッパでもOEMで、セービン、ゲステットナー、レニエなどに商品を供給し、それを彼らが自社ブランドで売っていた。そこに中間のマネジメントが入るため、相手企業がやっていけなくなり、向こうから「買収してくれ」と言ってきたので買収していったのだ。

1996年に桜井正光が社長に就任し、同年にデジタル複合機「imagio MF200」を発売した。それまでリコーの売り上げ規模は1兆円だったが、商品のデジタル化と買収による販路拡大で1兆2000億〜1兆3000億円に一気に伸長し、リーマンショックが来る前には、売り上げが2兆3000億円にまでなった。以後の買収の原資はみな、デジタル化の先行で稼いだお金である。

「当時、複写機の市場はアメリカ、ヨーロッパ、アジアパシフィック、中国、日本の5極あった（現在は4極）。そのすべてで1位を取ろうとしたんです」

当時のデジタル複合機には競争優位の商品があったため、リコーに「わが社を買ってくれ」

と売りに来る会社が次々と現れ、買収による販売チャネルの拡大をどんどん進めることができた。レニエなどの老舗《しにせ》企業も、みな、商品が強いときに買収した。デジタル化の実現がなければ、今日のリコーの世界展開はなかっただろう。

そして、近藤が社長になった翌年の2008年10月、リコーは、世界最大の事務機販売会社アイコン・オフィス・ソリューションズ（以下、アイコン）を1632億円で買収した。

アイコンは、ヨーロッパ主要5ヵ国を含む欧米で、400拠点以上のOA機器販売・サービス網を持つ独立系のディストリビューター（販売代理店）で、グローバル展開をしていた。売り上げは当時の円換算で約4500億円、従業員は約2万人で、世界最大の独立系メガディーラーだった。

この買収の目的は何だったのか。

「最大のポイントは、会社の未来のことです。複写機を売っていく会社から、プリンティング、そして次にサービスという事業へと抜け出すために、この会社を手に入れたかったんです」

アイコンにはMDS（マネージド・ドキュメント・サービス：顧客のプリンティングやドキュメントなど文書・資料関連に関わる運用・管理を一括受注してさまざまなサービスを提供し

「デジタル化」と「グローバル化」の両輪で成長

①デジタル化戦略によるイノベーション

②グローバル化戦略によるマーケット拡大

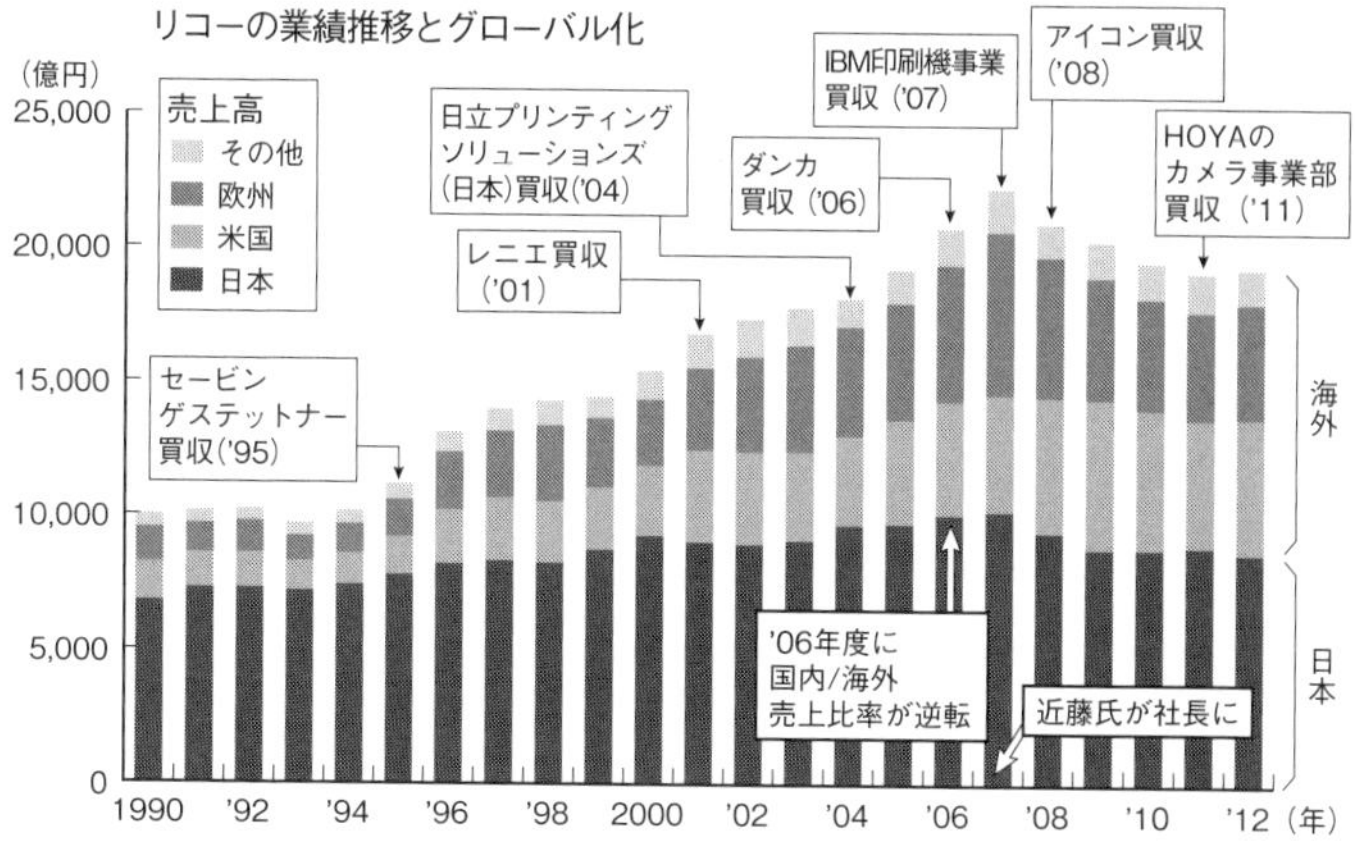

ていく総合的なビジネス）部門があり、この分野では先駆的な会社だった。リコーは、これが欲しかったのだ。

「当時、世界で最もMDSビジネスが先行していたのはゼロックスでした。MDSのビジネスは、いまではいろんな人たちがやり始めていますが、当時のマーケットシェアはゼロックス、HP（ヒューレット・パッカード）、リコーの3社でほぼ占めていました。中でも、やはりゼロックスが強い。そこのところでも負けられなかった。リコーは、ずっとゼロックスに対する競争戦略を打ち続けてきているわけです」

近藤は、アイコンのMDSのプログラムをリコーの世界展開に持ち込みたいと考えていた。アイコンという最後に残った独立系のメガディーラーを、競合他社に買収されてしまうと、アメリカでのリコーの事業は非常に苦しくなる。とくに、C社に取られてしまうときわめてまずい。

アイコンが売っていた主力商品は、C社60％、リコー30％、KM社が10％ぐらいだった。当時、リコーアメリカの売り上げは約2・7億ドルだった。それが現在では、60億ドルを超えるまでになっている。

「M&Aの効果は十分に出ています。プロダクション向けカラーデジタル印刷機のミドルセグメントでは、毎分75〜95枚のリコー製品が、世界のマーケットシェアの60％を獲得している。いままで利益を出せなかったアメリカで、利益が出るようになってきているんです。さらに、アイコンの買収によって、リコーのMDSはゼロックス、HPに次ぐ世界第3位のシェアを持つまでになった。

現在、リコーはMDSを世界中で展開しています。アイコンを買収しなかったら、ここまでのシェアを短期間で獲得することはできませんでした」

自分たちの事業を再定義する

必ずしもすべてのアメリカ企業がそうではないだろうが、日本でいわれる「アメリカ的経営」の特徴の一つは、株主最重視の経営であることだ。中には、自社株を買うなどいろいろな操作で自社の株価を高めていく企業もあることは事実だ。

提供する製品、サービスの市場をないがしろにしているわけではないだろうが、資本市場をより重く見る傾向がある。商品のマーケットを直視し、モノの販売やサービスを拡大、強化することによって収益を得ようとするのではなく、絶えず自社株を高め、企業価値を極大化することを考え、常に株主のほうに意識が向いている。

近藤は、リコーがそういう会社になっては困るということで、いま、CSV（Creating Shared Value：共通価値の創造）をやろうとしている。

CSVは、ハーバード大学経営大学院のマイケル・E・ポーターらが提唱する経営コンセプトで、企業が本業を通じて社会的問題の解決を図りつつ、企業自体も発展していくというものだ。近藤は本業を通じて、リコーの創業の精神である「三愛精神」（人を愛し、国を愛し、勤めを愛す）の価値観に基づいてさまざまな行動を掘り起こしていこうとしている（131頁の図参照）。

「２００８年のリーマンショックのときに、われわれは舵《かじ》をもう一回、大きく切り直しました。最初、舵を切り直したのは、２０００年、僕が画像システム事業部長のときでした。当時、リコーのコア（核心）事業は、オフィス分野での複合機、レーザープリンターなどハードウエア、ソフトウエア、システムの提供でした。オフィス分野の市場規模は世界全体で11兆～13兆円と見られています。将来を展望すると、オフィス分野だけだと成長は持続できない。

そこで僕は、取り組むべき事業範囲をわれわれの周辺事業へと広げようと考えたのです。プロダクション印刷の世界の市場規模は60兆円以上ある。そのプロダクション印刷分野へ本格参入しようと手を打ち始めました。それが２００４年の日立プリンティングソリューションズの買収、そして０７年のＩＢＭの印刷事業の買収につながりました。現在われわれは、オフィス印刷から産業印刷、商業印刷など、すべての製品とサービスを展開しています。

リーマンショックを機に、われわれの周辺事業で拡大したいと考えたものは、ＩＴです。ＩＴの市場規模は世界全体で１４０兆～１５０兆円といわれています。すでにＩＴ分野は手掛けていましたが、この分野をリコーのコア事業として育てていくことを考えたのです」

近藤は、コア事業を進化させていく考えである。

マイケル・E・ポーターらの「共通価値の創造」とは？

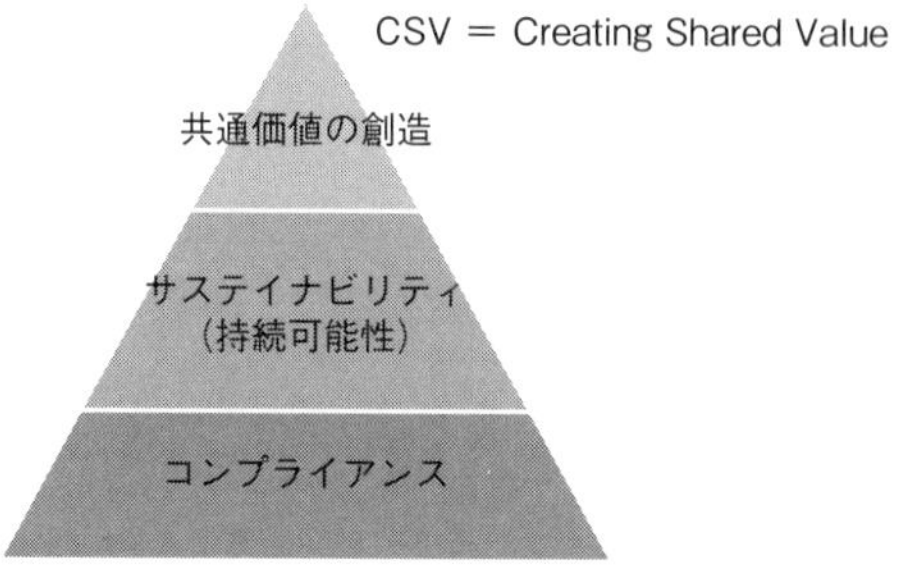

CSV = Creating Shared Value
共通価値の創造
サステイナビリティ
（持続可能性）
コンプライアンス

The RICOH Way（2011年4月制定）

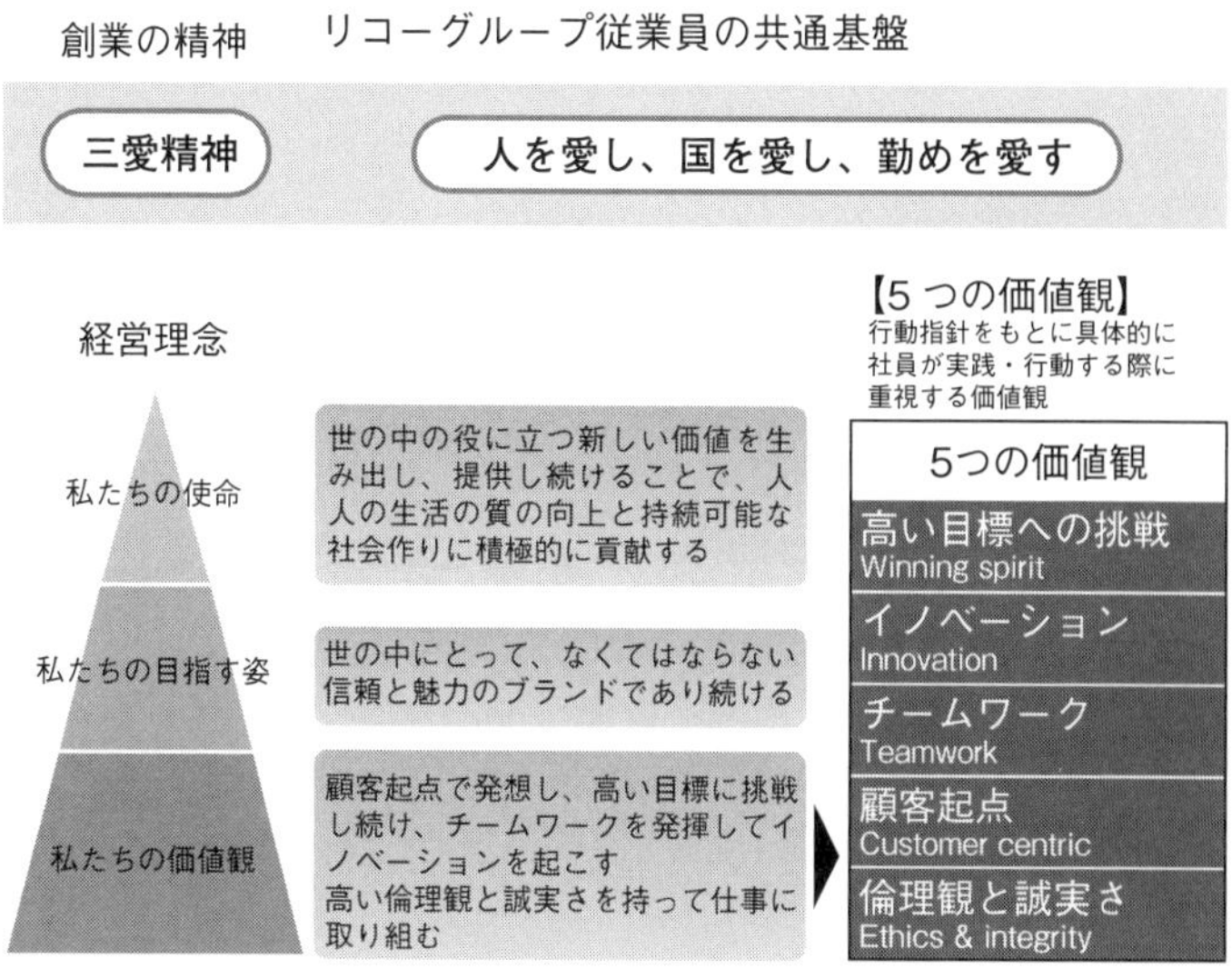

創業の精神
リコーグループ従業員の共通基盤
三愛精神
人を愛し、国を愛し、勤めを愛す
経営理念
私たちの使命
私たちの目指す姿
私たちの価値観
世の中の役に立つ新しい価値を生み出し、提供し続けることで、人人の生活の質の向上と持続可能な社会作りに積極的に貢献する
世の中にとって、なくてはならない信頼と魅力のブランドであり続ける
顧客起点で発想し、高い目標に挑戦し続け、チームワークを発揮してイノベーションを起こす
高い倫理観と誠実さを持って仕事に取り組む
【5つの価値観】
行動指針をもとに具体的に社員が実践・行動する際に重視する価値観
5つの価値観
高い目標への挑戦
Winning spirit
イノベーション
Innovation
チームワーク
Teamwork
顧客起点
Customer centric
倫理観と誠実さ
Ethics & integrity

「アメリカの経済学者でクリス・ズックという人がいますが、その人が『コア事業進化論』（山本真司・牧岡宏訳、ダイヤモンド社）という本を書いている。自分たちの持っているコア事業を、どういうふうに正常に進化させていくか。それをやるにはもう一回、自分たちの事業を再定義して、その周辺領域からオポチュニティ（機会）を作りながら進化させていくというのがいちばん安全だし、効率がいいはずだということで、いろんな商品だとかハードウエアを作らせたり、サービスを開発したりして、いま、進めている最中です」

社内業務プロセスの刷新に終わりはない

２００９年３月、リコーは生物多様性方針を発表した。同年11月には、世界初のバイオマストナー「for《フォー》 E《イー》トナー」を採用した複写機「imagio MP6001GP」を発売。トナー焼却によるCO_2排出量の抑制を図った。

環境負荷の低減は、リコーが掲げる大きなテーマの一つである。近藤は、雑誌『日経エコロジー』（２０１０年７月号）のインタビューで、こう語っている。

「当社は長期的な視点に立って、製品のライフサイクル全体を通して環境負荷の低減を図っています。将来の資源枯渇《こかつ》に備えて、２００５年から複写機の材料にバイオプラスチックを採用し、2009年にはバイオマス由来のトナーを開発して新製品の複写機で採用しました。中長期目標を定め、グループ全体の温暖化ガス排出量を2000年から2050年までに8分の1に低減することを掲げています」

2010年には、販売会社7社を一つにまとめ、「リコージャパン株式会社」に統合した。統合による効果は大きかったが、一方で、内部管理の仕組みや業務プロセスが複雑になるという弊害もあった。近藤は、経営統合のみならず、さまざまな業務プロセスにも手を入れなくてはならないと考え、さらなる改革に動き出した。

たとえば、近藤は社長に就任したときから、「売れる販売担当者ほど、お客様のところに行けない」という矛盾《むじゅん》した実態を問題視していた。それは、業務管理や受発注をはじめとした関連業務が多く、管理のための内部コストと時間が発生するということである。

「販売の基本機能は、お客様を訪問し、困りごとをお聞きして、その解決策を提案することです。そこで僕は、販売部門の会議などで、『利益を生まない仕事はやめなさい』と繰り返し指示しました。すると、そこに集まった販売担当の若手管理職から拍手が起こりました。販売の現場では、それほど困っていたのです」

２０１１年には、製品や部品の調達・配分を一元に管理する「グローバル購買本部」を立ち上げた。それまで部署ごとに部品やモノをバラバラに調達していた購買を一本化することで、調達コストの削減や購買プロセスの効率化を図るためだった。

「グローバル購買本部設置の目的は、世界中から、いちばん旬で品質のよいものを最も低コストで調達することと、為替ヘッジを行うことにあります。円高が進めば、製品、部品の売り買いのバランスをとって、極力ヘッジしていかないと利益は出ない。たとえば、現在のように円高のときは、海外からの購買を増やすことで為替の影響を抑えるようにするといった具合です。この組織が今後、経営の効率化に貢献すると期待しています」

「商品軸」から「顧客軸」の商品開発へ

「僕は、決して『成功した経営者』ではありません。むしろ、社長時代は非常に苦しい思いばかりして、あまり楽しい思いはなかったんです」

近藤は言う。

社長在任中の6年間には、百年に一度、千年に一度という出来事が次々と起こった。

2008年のリーマンショックと、それに端を発する世界金融危機。

2009年以降の超円高。

そして、2011年3月の東日本大震災――。

地震発生直後、近藤は、当時開発中だったテレビ会議システム「リコー ユニファイド コミュニケーション システム P3000」を東北にあるトナー工場へ送り込んだ。

「P3000」は、持ち運び可能でコンパクトなテレビ会議システムだ。ネットワークさえあれば、いつでも、どこでも、誰とでもテレビ会議ができる。ロケーションフリーなので、テレビ会議の部屋に行かなくても使える。

それを、東京本社、静岡県沼津《ぬまづ》市のトナー工場、神奈川県海老名市のリコーテクノロジーセンター、新横浜事業所の4ヵ所とつなぎ、被災したトナー工場の壊れ具合を見ながら、復旧のための会議を行った。

このテレビ会議システムは音声も映像もよく、非常に活躍した。エンジニアたちは全員、「これは売れる」と確信した。道路が遮断されても、電話が通じなくなっても、このシステムさえあれば、インターネット経由で機能し、コミュニケーションが取れる。「オフィス丸ごと」というビジネスは、災害など非常時にも役立つことがわかった。

リコーがテレビ会議システムを作った理由の一つは、工場が中国に出て行ったことである。

中国とコミュニケーションを取らないと、モノはできていかない。「デジタル時代には、テレビ会議システムが当たり前になる」との考えは、すでに以前から近藤の頭の中にあった。

そうこうしているうちに、スウェーデンに行く機会があった。スウェーデンの人たちは、パソコンの応用版のような大画面のテレビ会議システムを自分たちで工夫して作り、利用していた。

「彼らはここまでやっているんだ。うちも開発しているのだから、一気に完成させて世に送り出そう、と思いました」

そうして震災直後のテレビ会議から約5ヵ月が過ぎた2011年8月、リコーは「リコー ユニファイド コミュニケーション システム P3000」を発売したのである。

このテレビ会議システムは、最適なプラットフォームをクラウド上に構築し、インターネット経由でサービスを提供する。映像や音声のリアルタイム双方向通信や、多拠点通信などが可能だ。

活用例はさまざまである。オフィス現場では、本社と支社との会議に使って、移動時間や出張費を削減し、生産性を向上させることができる。医療現場では、専門医がいない診療所と総合病院を結び、遠隔地からアドバイスやカウンセリングなどの支援を行うことができる。教育現場では、遠隔地の学校と交流したり、複数の大学の研究室をつないで互いの研究成果を共有したりできる。

先に述べたように、MDS（マネージド・ドキュメント・サービス）は、顧客の文書・資料に関わる運用管理を一括受注して、さまざまなサービスを提供するビジネスだ。リコーのMDSは、ITを使った機器の遠隔監視や、セキュリティ機能の強化により、機器の配置などを通じて印刷関連コストの削減につながる提案もする。

つまり、オフィスのドキュメント関連業務をまるごと運用管理し、文書・資料管理に関するすべての問題を解決するサービスである。

リコーはこれまで、複写機・複合機、ファクシミリ、プリンターといった個別の商品軸で事業を展開してきたが、商品軸から顧客軸に切り替え、個々の商品を使っている顧客に対してITサービスの提供を開始した。単にハードを売るだけでなく、それにまつわる「ソリューション（問題解決）ビジネス」にも注力している。ネットワークシステム構築の提案も、その一つである。

「3・11で、書類や資料を紙で保管し管理するという従来の方法では、情報そのものが消滅してしまうことが再認識されました。書類を電子データ化し、クラウド上に保存すれば、津波で流されることも、火災で焼失することもない。しっかり保全することができます。3・11を機に、われわれが展開しているＭＤＳの必要性が、ますます認知されるようになっています。ＭＤＳに対する需要は確実に高まっています」

海老名に事業所を作って設計改革を同時に行い、新商品（プロジェクター、テレビ会議システム、インタラクティブ　ホワイトボード〈後述〉など）もどんどん世に出した。これらはすべて、現在のリコーの中核事業になっている。

なぜ、この時期に金のかかることをやったのか。それは、人員の25％を新しい事業に投入するのが、新中期経営計画のコンセプトだったからだ。

「一人ひとりの能力をもっと上げるため、あるいは、一人ひとりの能力を最大限に発揮させるためには、やはり新しいことにチャレンジさせないとダメなんです。当初はあまりうまくいきませんでしたが、現在では新事業に人がどんどん入っており、新事業にかける社員の意欲は非常に高くなっています。事業的にはまだまだヨチヨチ歩きですが、まとまり出しています」

知識創造オフィスを生み出す製品を

２０１３年、リコーは、「インタラクティブ　ホワイトボード　Ｄ５５００」という商品を発売した。

「D5500」は、インターネットを通して使用する電子黒板である。遠隔地との会議でも、これを中心にそれぞれの地域から参加し、それぞれの拠点から文字を書き加えたり、図を修正し合ったりできる。まさに「進化したホワイトボード」だ。

実は、リコーは浜田社長時代に、ホワイトボードを作っていた。近藤がプロジェクト運営をしていたときには、ホワイトボードを使ってプロジェクトチームのメンバー一人ひとりに指示を出していたし、アイデア発掘会などでもホワイトボードは必需品だった。

しかし、アナログ時代の電子黒板やプロジェクターは開発をやめていた。近藤は、それらの商品を復活させたのである。


IWBを使った遠隔地との会議のようなことを実現できる新しいオフィスを、近藤は、「知識創造オフィス」と呼んでいる。バーチャルなオフィスでも、現実のオフィスであっても、知識創造のためのツールを開発・提供していこうとしている。そうしなければ、リコーの存在価値はないと考えている。

知識創造をするうえで、最も大切なことは何か？

「記憶と記憶を擦《す》り合わせること」だと近藤は答える。

そして、「リコー創業者の市村清は、記憶と記憶を擦り合わせる知識創造のプロセスを、何十年も前に実践していた」と言うのだ。

「市村清は、稀代《きたい》のアイデアマンでした。あるとき、新聞記者が『なんで市村さんは、そんなにいろんなアイデアが出るんですか？』と聞いたところ、市村さんは、『みんな人が教えてくれるんだよ』と答えたそうです。

市村さんの本によると、コツがあるという。いろんな人を集めて、修理の人も集めて、『みんなはどう思う？』から始める。すると、みんながワーワーといろんなことを言う。そうして意見交換をしたら、それを体系化して整理して、いったん持ち帰って実践してみる。そういうことを2〜3回まわしていくと、素晴らしいアイデアが出てくる。要は、SECI《セキ》モデルをまわしていくわけです。これは、いまも通じるやり方です」

「ＳＥＣＩモデル」とは、知識の共有・活用によって優れた業績を挙げる「知識創造企業」がどのようにして組織的知識を生み出しているかを説明するために、一橋大学の野中郁次郎《のなかいくじろう》名誉教授らが示したプロセスモデルである。

野中教授らの理論では、知識には「暗黙知」と「形式知」の2つがある。それらを個人や集団や組織間で互いに絶え間なく交換し、知識を移転させることによって、新たな知識が創造されると考えている。そのプロセスを示すのがＳＥＣＩモデルだ。

未来は「知識創造」型オフィスへ

オフィスの過去・現在・未来

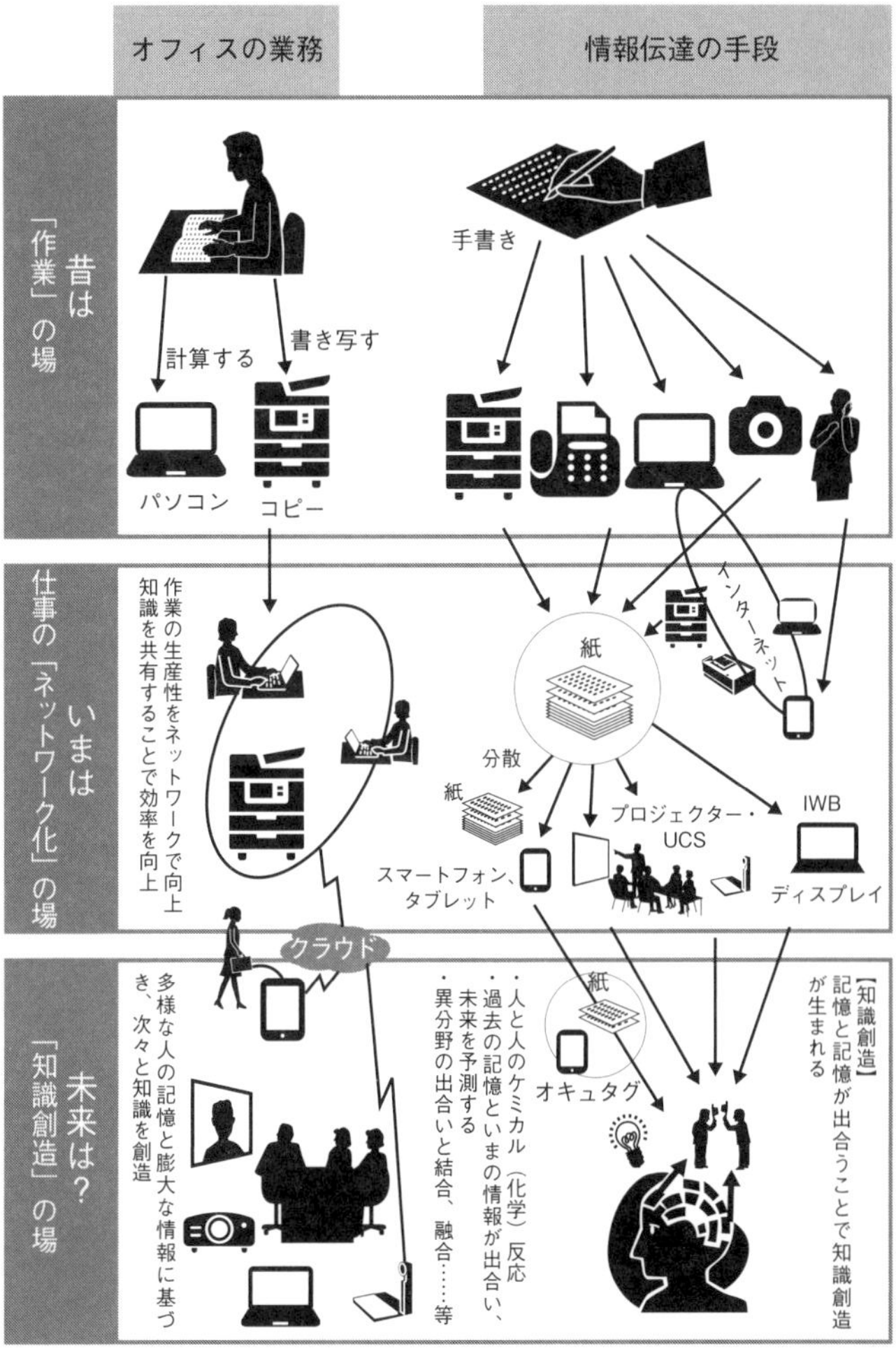

「そういう知識創造をするプロセスを、市村清はやっていました。何十年も前に、無意識のうちに、経験を通じた暗黙知の共同化、表出化、連結化、内面化のスパイラルアップを実践していたのです。

リーダーというのは、『俺についてこい』ではダメなのですね。『みんなどう思う？　俺はこう思うよ』でなければいけない。経営者が意志決定をするまでに、どれだけ知識創造スパイラルをまわして煮詰めるかがいちばん大事なことだと、僕は市村清の言葉で学びました。

いろんな人と会ったり、実際に何が問題なのかという事実をみんなで出し合ったりしながら人の話を聞いていくと、みんなが教えてくれるんです。でも自分が〝神〟になってしまうと、誰も教えてくれません」

カメラ事業強化とデジタルサイネージ

2011年は、リコーがデジタルカメラに再参入した年でもある。2006年にHOYA（レンズ・ガラス製品大手）の傘下に入っていたペンタックスの事業のうちカメラ部門を、HOYAから買収した。

カメラが好きな近藤は、中小の会社がコンパクトカメラを3ヵ月に一度出している状況を見

組織的知識創造のプロセス

知識創造の一般原理、SECIモデル

S ＝共同化（Socialization）、E＝表出化（Externalization）、
C＝連結化（Combination）、I ＝内面化（Internalization）

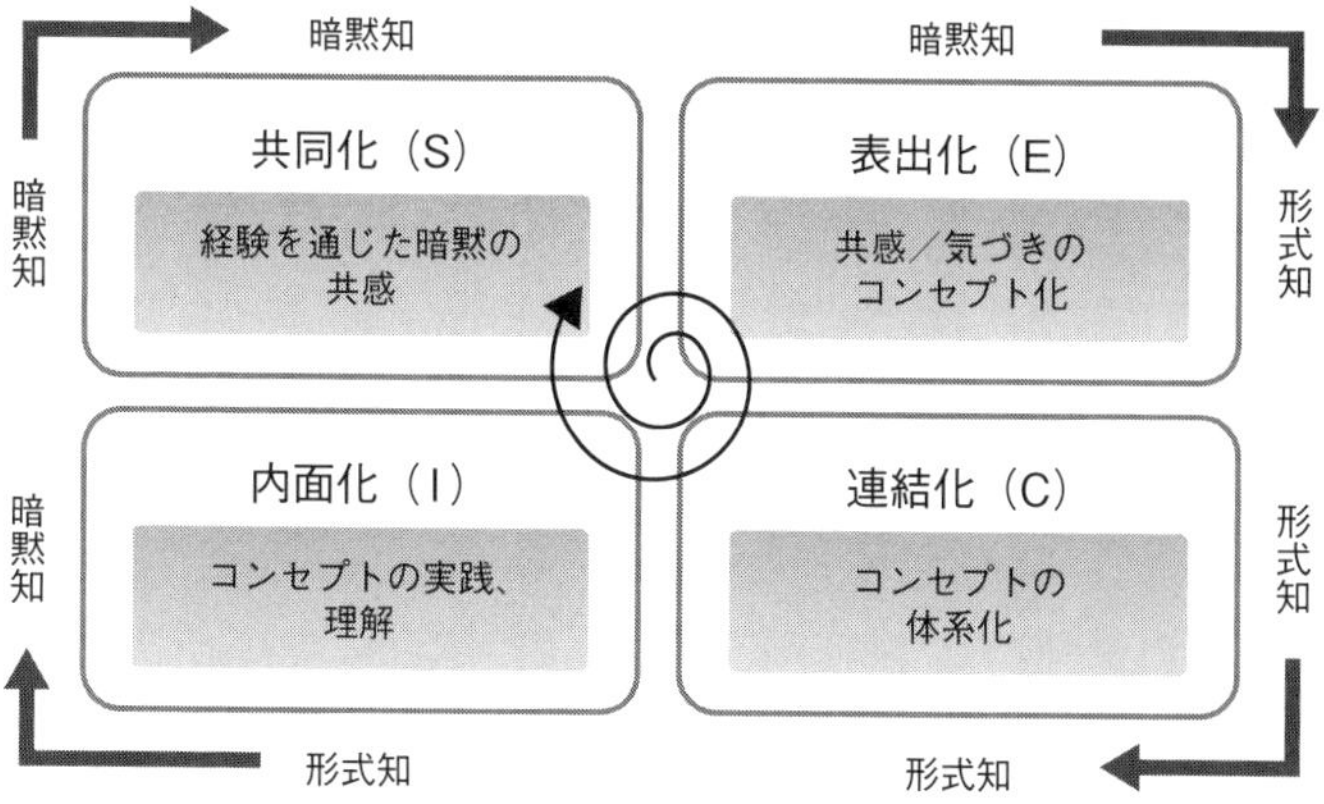

出典：『知識創造の方法論――ナレッジワーカーの作法』（野中郁次郎・紺野登著、東洋経済新報社）

て、かねて「こんなことは、ありえない。コンパクトカメラはいずれ縮小する。大半の機能はスマホや携帯電話に吸収される。やはり本格的なカメラを作らないとダメだ」と強く思っていた。コンパクトカメラはダメになると信じていた近藤は、一眼レフの資産が欲しかった。カメラをやめるか、一眼レフで生き延びられるか、どちらかだと思っていたのだ。当初はオリンパスと話をしていたが、HOYAからリコーの担当者に声がかかり、事業を買うことにしたのである。

周囲からは、「なんでそんなものを買ったんだ」という声が上がったが、

「カメラの歴史は２００年。デジタルカメラの歴史はまだ20年。これからデジタルカメラの未来は、すごくありますよ」

と、近藤は答えた。

最近、これに付け加えるのは、「人間が目で得る情報は、すべて得る情報の80％以上」ということだ。人から何度話を聞いても、取れる情報はたかが知れている。自分で見ることが絶対に大事だと思っている。まさに「百聞は一見に如かず」だ。

目の役割としてのカメラは、人間の記憶と記憶を擦り合わせる知識創造の中で、非常に重要な存在だと、近藤は考えている。

カメラは知識創造の入り口だ。キャプチャーをする（画面を画像データ化して保存する）、シェアして共有する、プリントアウトする、また共有をする……と、バリューチェーンがずっとつながっている。これは、一連の知識創造のプロセスの中で絶対に必要な機能である。カメラは絶対に世の中からなくならないと、近藤は信じて疑わない。

「そういうものをリコーがやらないで、しかも祖業であるにもかかわらず、儲からないからといって無視していいわけはない。いますぐに大儲けできないとしても、歴史の中で必ずチャンスはあるはずです。だから、カメラ事業をきちんとリコーの中で確保しながら仕掛けていく。

いま出ている一眼レフカメラ、ＴＨＥＴＡ《シータ》（シャッターを一度切るだけで、撮影者を取り囲む360度の全天球イメージを瞬時に撮影できるカメラ）、GoPro《ゴープロ》（米国の探検時撮影向けヘルメットカメラのブランド）のようなアクションカメラ、セキュリティカメラなど、世界はこれからまだまだ広がりますよ。未来を見たうえで判断しないといけない。必ず儲かるときが来ると思ってやっているんです」

近藤は、カメラにまつわる面白いエピソードを話してくれた。

「四十数年ぶりに大学のワンダーフォーゲル部の同窓会をやったとき、みんな何をやったかというと、昔のモノクロ写真を交換しているんです。『これ、おまえが写っているよ』『このときは雨が降ったんだよな。俺、調子が悪くてさ』などと言いながら、一晩中、古い写真を見ながら話していたんです。

もう一つは、家内の友達の話です。その方は、家が火事になってアルバムをなくしてしまったんですが、『私の写っている学生時代の写真をちょうだい』と家内に言ってきました。そうやって、自分の昔の写真をまた集めているんです。

人間って、面白いですね。写真の持つ意味とはいったい何かと、つくづく考えさせられました。歴史でもなんでも、その瞬間が静止していることが、どれだけ意味のあることか。人間が情報を目という知覚器で受け取ること、その機能を補完するカメラの役割は、人間がどんなに進化しても変わらない。カメラというのは、スマホとは全然役割が違うんだな、と思った。写真は、データ化してデジタルの世界でクラウドの中に置いておくだけじゃダメなんです」

今後は、高級一眼レフカメラで、インプットの部分を強化していくという。

「たとえば、ある鉄道会社からお聞きしたんですが、駅舎の壁にあるいろんな張り紙は、いちいち自分たちで張っているのだそうです。それから、田舎の駅へ行くと、宿泊施設などの案内板がありますね。ああいう張り紙や看板は、鉄道会社がスペースを賃貸しているんですよ。

それを、紙を張らないで、デジタルで配信できるデジタルサイネージ（電子看板）にしていきたいんです。うちのプロジェクターを防水仕様にして、上から吊《つ》って、全部駅の壁をデジタルサイネージにしていただけたらいいなと思っているんです。

液晶のパネルを全部張るのはたいへんですが、プロジェクターなら、電源さえあれば明日にでもできる。無線で飛ばせばデジタルサイネージになるから。それでいま、いろいろなところとコンテンツについて話しているんです。

そこでカメラが登場してくるわけですよ。沿線にある景勝地にカメラを置いて、それを駅のいちばんいいところに常に表示したいと考えているんです」

つまり、世界中の壁という壁は、デジタルサイネージの候補となるのだ。

ピンチのときには何も生み出せない人が多いが、近藤は、そういう場面でも大きな変革を断行してきた。ピンチのときにも自身のモチベーションを保ち、新しいアイデアを生み出すために、どんなことを心がけているのだろうか。

「四六時中考えています。僕は、畑仕事をしたり、魚釣りをしたり、山歩きをしたり、山菜採りをしたりして遊んでいるんですけど、遊びながらもフッと考えているんです。だから必ずメモ帳を持っていて、ちょっと思いついたことがあれば必ず書き留める。枕元にもメモ帳がいっぱい置いてあって、思いつくとそこに書く。夜中でも、目が覚めちゃうともう寝ない。メモ魔なんです。とにかく書いて、きちんと残しておく。脳みそというのは年がら年中動いていて、瞬間的にいろんなことを、極端にいえば、夢の中でまで思い起こしちゃうんですよ」

第5章

未来起点で考える

――「モノ＋コト」のイノベーション

経営の「現在起点」と「未来起点」

近藤は、2013年に社長職を三浦善司《みうらぜんじ》に譲り、みずからは会長となった。マネジメントを三浦に託し、会長としてリコーの未来に向けてより大きなビジョンを描こうとしている。

エンジニアは未来起点で今日を見る。その前提に知識創造がある。知識創造がない人が経営を語ると、おかしくなってしまう、と近藤は言う。

「モノとかコトを作るというのは、未来です。生み出すのに3年かかるか5年かかるか、ひょっとして10年かかるかわからないですけれど、未来起点なんですよ。未来を想像しなかったら、世の中は作れない。商品なんか作れないんですよ。

営業が強い会社とか生産が強い会社というのは、わりと現在起点。そうすると、未来のことをやっている連中に、『何をやっているんだ、一銭にもならないじゃないか。あんなもの誰も売らないと言っているよ』って、やっちゃうわけです」

近藤は基本的に、未来への投資を行う「未来起点」という考え方である。会社の目指す姿や未来の顧客価値を未来起点で想像し、それに向けたギャップを解消するために「いまを変革す

経営の「現在起点」と「未来起点」

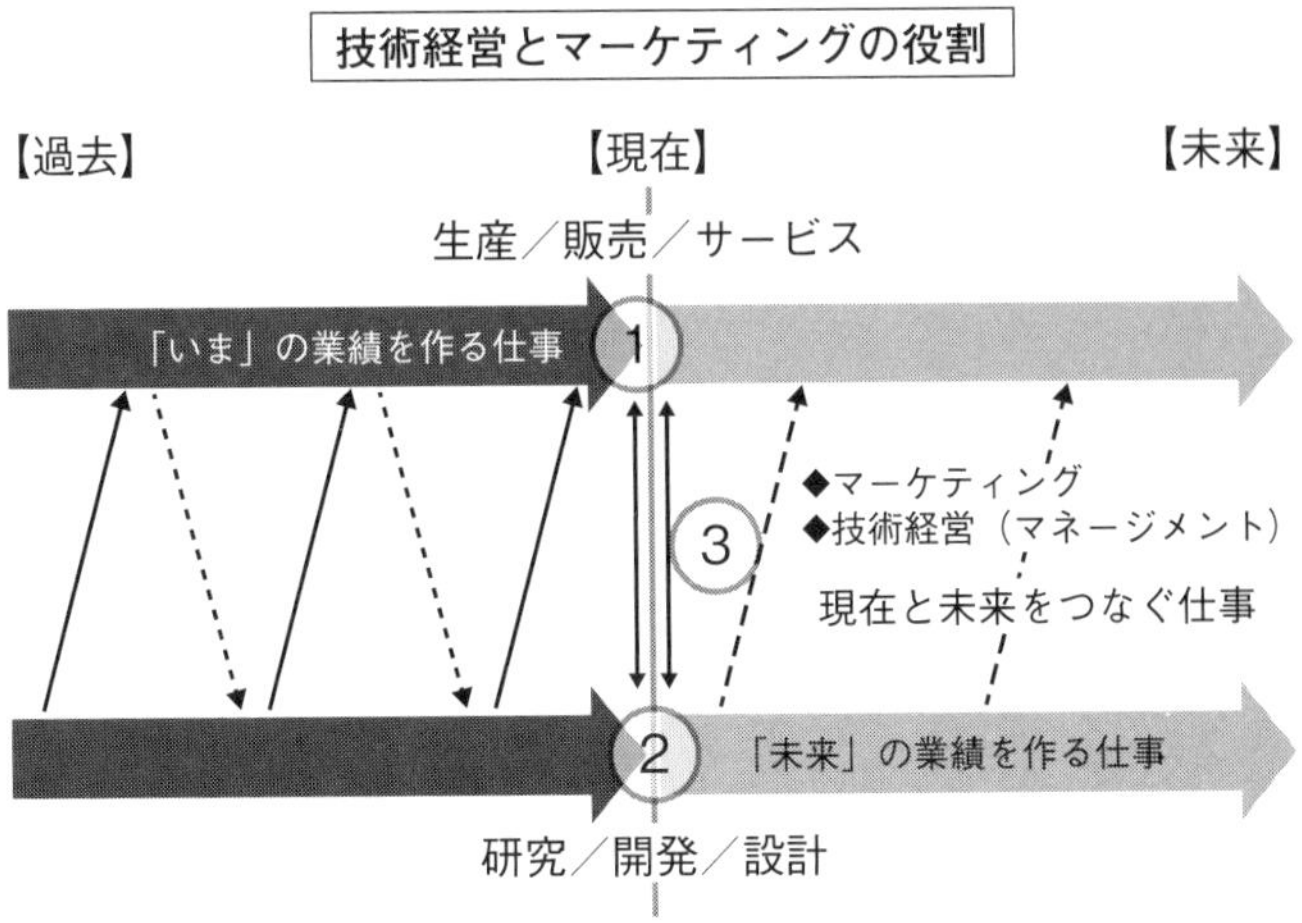

る」ことが、未来起点の考え方と行動といえると言う。そんな未来起点に立つのは、開発である。

他方、いまを稼ぐ「現在起点」がある。近藤は、「経営のハンドルを握るとすぐに求められる社長の評価は、毎年の業績や株価など足許の業績である」と言う。その業績に向けた行動イコール現在起点の経営と考える。

極端な話、会社の資産を切り売りすれば、外見上の業績は繕《つくろ》うことが可能だが、数年後の未来に、そのツケが回ってくる。

「どんなときでも、未来に対する投資を避けちゃダメです。未来に向けた仕事をしっかりやらなきゃいけない」

近藤は、経営者の役割は、「現在の価値」

と「未来の価値」を結ぶ、つまり、「現在の事業収益」と「未来の顧客価値」を結ぶ〝橋渡し〟だと考えている。

近藤は言う。

「未来の業績を作っている研究開発や設計の人は、現在起点の人たちから見ると遊んでいるように見えてしまうので、『なんで、こんなものがすぐできないんだ』と、さんざん言われるわけです。だけど、実はそういう未来起点の人たちが、新しいイノベーションを生み出すのです。

未来起点と現在起点の両輪があってこそ、企業は成長するわけです。設計開発だけが強くても、営業販売だけが強くてもいけない。頭と足腰の両方がないと、空回りしますからね。そこをマネジメントしていくのが、経営だと思います」

オフィスの未来、働き方の未来

近藤は、「オフィスの未来」「働き方の未来」の姿をどのように考えているのだろうか。

現在、モバイル化、ネットワーク化の進展で、働き方が大きく変化している。

クラウドを含めたネットワークインフラの充実とスマートフォンやタブレットパソコンに代

表されるモバイル機器の普及とともに、オフィスという決まった場だけでなく、「いつでも、どこでも働く」環境作りと、それに合わせた働き方が可能になってきている。また、ペーパーレスのコミュニケーションが拡大している。情報の紙への出力に加えて、タッチパネル、プロジェクター等の「電子閲覧」を使用した音声や映像の共有など、コミュニケーションのあり方が多様化している。

近藤は、前述の通り、未来は「知識創造オフィス」へ向かうと考えている。

昔のオフィスは、単なる作業の場だった。いまのオフィスは、さらに効率化を目指してパソコンを核としたネットワーク化の場に進化し、作業の「分散化」と「集約化」が行われ、オフィスの作業負担が軽減してきた。さらに、スマートフォンやタブレット端末の普及により、情報・コミュニケーションのやりとりは時間や空間を超える時代を迎えている。

未来は、人と人、記憶と記憶、知識と知識がぶつかり合ってケミカル（化学）反応を起こすための知識創造のオフィスとなっていく。

そんな知識創造オフィスでは、過去の記憶といまの情報が出合って未来を予測したり、農業とITのように異分野の技術が出合って融合したりすることが可能になる。

「知識創造というのは、イノベーションです。イノベーションを起こすオフィスが、これからのオフィスです。ここを攻めないでリコーの未来はない、というのが僕の考えです」

そのためにリコーは、どこよりも早く知識創造オフィスを実現するための活動を推進し、前出のマネージド・ドキュメント・サービス（ＭＤＳ）、テレビ会議システム、デジタルサイネージ、インタラクティブ　ホワイトボード、全天球カメラなどといった製品を次々に送り出してきた。

オフィスの未来、働き方の未来を思い描き、顧客価値を生み出す商品を、赤字を出そうが徹底的に作る――。近藤のこの信念が、リコーの新しい商品ラインナップに結実し、新たな顧客価値を提供し続けている。

たとえば、２０１４年に発売された次世代全天球カメラ「ＴＨＥＴＡ《シータ》（ｍ15）」は、従来の静止画に加えて動画撮影も可能になった。現行モデルでは、25分まで動画撮影ができる。

近藤の信念は、ＬＥＤ照明にまで及んでいる。ＬＥＤにネットワーク機能やセンサー機能を搭載したいと考え、人を検知して、人がいないときには消える照明を開発している。

現時点で顧客が求めているものは、来年、再来年、４～5年先には当然、変わっていく。それを見極めるのがマーケティングだ。

マーケティングは、未来を創造するものでなければいけない。技術のベースがないと、未来がどういうふうに変わるかわからない。しかし、現在だけを見てものを言うと、開発の人たちは委縮《いしゅく》してしまう。いま、日本に起きているいちばん大きな問題は、そこにあると近藤は思っている。

競争優位は「川下」で作られる

「いま、イノベーションというのは川下へ来ているんです。昔は画一的なモノを大量に生産して、川上からお届けするというのが日本のビジネスの特徴だったわけですが、だんだん川下のほうで新しいサービスを創造するというところに来ている。そういうことで、リコーもいくつかの新しいイノベーションをやっているんです。川下で、お客様とともに新しいサービスを作っています」

競争優位の源泉は、川上から川下にシフトしてきている。

川上とは、すなわち、モノ作りの上流、調達、生産、物流などのことだ。川上型企業としては、パナソニックや東芝など、日本を代表する家電メーカーが挙げられる。

一方、川下とは、製品を使用する側、すなわち、顧客の現場から生まれるイノベーションである。顧客認識の形成、顧客の状況を知るためのビッグデータの活用、遠隔サポートシステム、リモートのデータ解析など、顧客接点の販売サービスの現場から、新しい価値を引っ張り出す。ＩＢＭやアップルは川下型企業であり、リコーは川下型を目指している。

川下から生まれるイノベーションの例として、スティーブ・ジョブズの伝説的な逸話がある。

かつてジョブズの母親は、BlackBerry（小さなキーボードがついた携帯電話機）を使っていた。ある日、BlackBerryを手にして、「こんなもの使えない」とジョブズに文句を言った。これが大きなタッチパネルのiPhoneを開発するきっかけになったという。

iPhoneが大画面を備えたことにより、コンピュータの持つさまざまな機能をどんどん投入できるようにもなった。

「ジョブズは技術者ではありません。この逸話は、自分たちが技術を持たなくても、川下で顧客の未来をきちんと見れば新しいものが作れる、ということを示唆《しさ》しています。ジョブズは、娘のリサがソニーのウォークマンを腰にぶら下げてイヤホンで聴いている姿を見て、『そんな不格好なのをいつまで使っているんだ、俺がもっといいものを作ってあげるよ』と言ってiPodを作った、という話もありますよ」

こうしたアイデアは、どうやって生まれるのだろうか。

アイデアが生まれる根本は3つある、と近藤は言う。

競争優位は「川下」で作られる

競争優位の源泉は川上から、川下にシフトしてきている
（作り手側）　（お客様の現場）

川上の活動（ほかに何を製造・販売できるか）				川下の活動（顧客のためにほかに何ができるか）		
調達	生産	物流	イノベーション	顧客認識の形成	イノベーション	蓄積型優位の構築
最低コストのサプライヤーと契約	コストを削減 規模と処理量を最大化	サプライチェーンと流通の効率を最適化	製品を改善	競合グループを定義 購買基準を変える 信用を築く	製品・サービスを消費環境に適合させる 顧客のコストとリスクを削減	ネットワーク効果を利用 顧客データを蓄積・活用

固定費、顧客価値、競争優位は川下へシフト

出典：「競争優位は『川下』でつくられる」ニラジ・ダワル、DIAMONDハーバード・ビジネス・レビュー編集部、2015年12月

川下（お客様の現場）から生まれるイノベーション

・お客様の状況を知るための「ビッグデータ」活用が話題に
・リコーのビッグデータ活用状況
・遠隔サポートシステム「@リモート」のデータを解析

@リモート
世界ネットワーク
リコーのBig data事例

「第1に、現状を否定すること。『これでいい』と思ったら、何も出てこない。第2に、疑問を持つこと。第3に、疑問を持ったら、その疑問を解明できるまで追究すること。

イノベーションって、どこにでもあるんですよ。業務改革だってイノベーションですから、会社の中で不平不満を言っている人がいたら、上司が感づいて、『きみはどうしたいのか？きみの夢はいったい何か？』と、不満や疑問を解明できるような答えを引き出してやることが大事だと思う。要は、不平不満や疑問が、イノベーションの

原点になるのです。

市村清さんも、『お客様の不平や不満の裏に、お客様の夢がある。その夢に気づくことがイノベーションを生み出す源になる』と言っています」

だが、顧客の「夢」に感づいて、「こんなものはどうだ?」と、それまでにない商品を提案しても、周囲から「そんなもの売れっこない」と言われることは多い。

「イノベーターって、最初はものすごく叩かれるんです。でも、イノベーターというのは、そのリスクに賭けるんですね。人がやらないことをやるから、新しい価値が生まれて、大ヒットするわけです」

人と同じことをやっていて、何かをちょっと変えただけで、自分たちがイノベーションを起こしたつもりになっている人は多い。だが、あとから追いかけた人が基本に立ち戻り、「こんな機能はいらない、こんな装置もいらない」と基本機能だけに集中していくと負けてしまう。

「もっと付加価値機能を……などと言っている間に、余計な機能を取り除いてシンプルで低価格な商品にする韓国勢に負けてしまうわけです」

イノベーションの本質は技術より価値

「20世紀の最大のイノベーションは、お金なしで買い物ができるクレジットカードだ」と言う人がいる。これは非常に示唆的な言葉だと、近藤は思っている。

「技術やプロセスやコンセプトというところで、どういう新しい価値を作っていくかが、ものすごく大事なわけです。

アマゾンも、店に行かなくても買い物ができるという点でイノベーション。アップルのｉＰｈｏｎｅ、ｉＴｕｎｅｓ、ｉＰａｄも、デジタルの典型的なイノベーションです。一台に複数の機能を入れながら、新しいイノベーションを提供し続けている。

新しいコンセプトや技術革新などが、バリューチェーンできちんとつながっていき、新しい付加価値を訴求していくというのが、やはりいちばん強いんです」

「音楽を持ち歩く」というコンセプトで「ウォークマン」を作ったソニーも、イノベーターの最たる会社だった。

その上に乗っかって、「一生分の音楽を持ち歩く」というコンセプトでｉＰｏｄを作ったのがスティーブ・ジョブズだった。それをネットワークの中で自在に使えるようにしたり、管理したりするコロンブスの卵的発想で、新たな付加価値を提供した。

「いわば、ウォークマンのパクリですけど、イノベーションというのは、いろんな人が教えてくれるものなのです。その意味では、イノベーションの種というのは、実はわれわれの周りにたくさんあるわけです。ｉＰｈｏｎｅやｉＰａｄには、指で開くと拡大する機能がありますね。これも、ゼロックスの研究者が作った。そういうものが、すぐにジョブズのところに知恵として入ってくるわけです」

だが、こうした知恵は、「顧客の声」を聞いても入ってこない。現在起点のマーケティング中心の経営戦略、つまり、顧客の声に基づいて商品開発を行うことを重視した経営戦略をとっているメーカーは、競争で劣勢に立たされる。

「『お客様がいま欲しがっているもの』を、いまから一生懸命作っても、２年、３年遅れになるだけです。

ソニーのウォークマンは、市場調査なんかいっさいしなかった。ジョブズも、ほとんどやっていません。どうやってｉＰａｄを作ったのかという質問に対して、『そんなもの（市場調査）はない。自分が欲しいものを知るのは、消費者の仕事じゃない』と、ちょっと偏った表現で答えたのは有名な話です」

ジョブズは暗に、「市場調査なんかしたって無駄だ」と言った。顧客が経験していない価値は、顧客へのヒアリングからは生まれない、ということを意味している。ジョブズは、「大切なのは顧客の言いなりになることではなく、顧客の声を聞いて願望を見抜き、引っ張り出すことだ」と言っているのだ。

「これはものすごく大事なことです。実は、市村さんも同じことを言っていたんですよ。ある商品の企画会議で、『新しいものを開発するときに、市場調査なんかやることはないよ』と。この話は、1958年に石原慎太郎《いしはらしんたろう》さんとの対談の中でしたそうで、僕はあとでこの逸話を知って衝撃を受けました。

市村さんは1900年生まれ、ジョブズは1955年生まれですから、50以上も歳が離れている。でも、半世紀も離れた2人の天才的イノベーターが、期せずしてほぼ同じことを言っている。たいへん興味深い話だと思います」

破壊的なイノベーションは、未来を見ている人でなければ起こせない。経験のないものをいくら調査しても、価値を見定めることはできない。イノベーションを評価していくうえでは、ここのところをしっかり考えておかないと大きく間違う、と近藤は警告する。

顧客価値の創造とイノベーションのジレンマ

ピーター・F・ドラッカーによると、イノベーションの真贋は、本当に顧客価値が作れているかどうかにあるという。

イノベーションの事例を分類すると、①技術革新によるイノベーション、②プロセスを変えるイノベーション、③新しいコンセプトを生み出すイノベーション、④複合のイノベーション（技術＋プロセス＋コンセプト）がある。

4つの中で最も強いのが、④複合のイノベーションである。

たとえばリコーは、「複写機＋パフォーマンスチャージ」という複合のイノベーション（技術＋プロセス）によるビジネスモデルで長く成長してきた。さらに、ITサービス、DPO（ドキュメント・プロセス・アウトソーシング）、BPO（ビジネス・プロセス・アウトソーシング）などを追加し、顧客価値を高めている。

一方で、イノベーションに成功した企業を脅《おびや》かす新たな破壊的イノベーションが存在することを忘れてはならない。

イノベーションのジレンマ

従来技術（顧客価値）の持続的なイノベーションに加え、
破壊的なイノベーションを育成

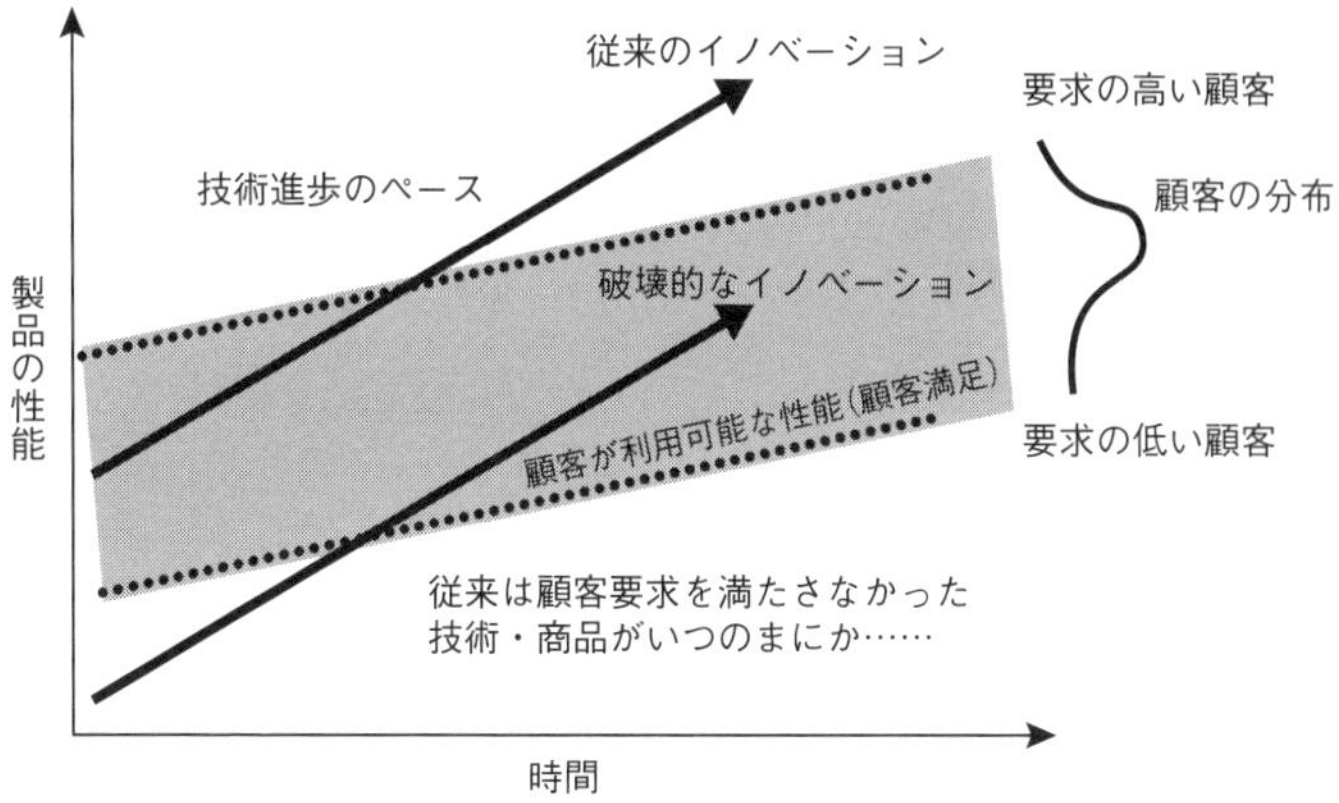

出典：Clayton Christensen [Innovator's Dilemma]

たとえば、いままで競争の対象として見ていなかったものが、従来の顧客のニーズにマッチしてピタッとフィットすることが、実際に起こるのだ。液晶テレビがそのいい例だろう。

日本の液晶テレビは、「顧客価値を上げる、上げる」と言って、どんどんきれいな画質にしていったが、いつの間にか消費者に「こんなのいらないよ」と思われるようになってしまい、韓国や中国の安い商品が市場を席巻していった。スマートフォンでも、新興国で同様の現象が起きつつある。

こういう例は、枚挙にいとまがない。

イノベーションで顧客価値を創造する企業がある一方で、リーダー企業は「イノベーションのジレンマ」に陥《おちい》ってしまうことがある。

「イノベーションのジレンマ」とは、ハーバード大学経営大学院のクレイトン・クリステンセン博士が提唱した概念で、「過去のイノベーションへの固執《こしゅう》は、さらなる自己変革を困難にする」という警告である。

一時期隆盛を誇った技術やビジネスモデルであっても、次の新たなイノベーションを起こせないと次第に失速してしまうという警鐘であると、近藤は理解している。

たとえば、デジカメの出現でフィルムカメラが駆逐《くちく》され、CDやMDウォークマンがiPodにその座を奪われたように、次にどのような破壊的なイノベーションが出現してくるのかを真剣に考えていないと、揺るぎないように見えていたビジネスモデルも一瞬にして姿を消してしまう。

紙と電子の問題にしても、iPadの出現で、本や雑誌・新聞は姿を消すのか、われわれが紙を情報伝達媒体として必要としなくなるのか、という、「ありえない」と思えるような未来を見つめることを怠《おこた》ってはならない。

近藤は、「人は、経験がないことに価値を見出せない」と言う。

たとえば、19世紀後半、電話の発明者であるベルから特許の買い取り話を持ちかけられたウエスタンユニオン（当時の米国の電信ビジネス最大手）の社内メモには、「電話は、コミュニケーション手段として真面目に検討するには欠点がありすぎる」「われわれにとって無価値である」と書かれていたという。

また、1943年、IBM初代社長のトーマス・ワトソンが、「コンピュータの市場はたぶん世界的に5台くらいだろう」と発言した記録が残されている。

マイクロソフトのビル・ゲイツでさえ、1981年に、「どんな人でも640キロバイトのRAMがあれば十分なはずだ」と言ったとされる。コンピューティングがこれほど大きく広がっていくことを、見通せていなかったのだ。

イノベーション前夜の常識では、「テクノロジーの進化、人間の進化によって世界は大きく変わっていく、未来はもっと凄いところに行っている」というところまで考えが至らない。

「イノベーションのジレンマに陥らないためには、常に自己否定の観点で事業を見て、次の新しい事業を作っていく、そんなマインドを持つことが重要です。『自分たちの事業はいつまで続くのだろう、この価値はいつまで続くのだろう』と考えないと、いつかやられてしまいます」

大企業では、そういうマインドを持った開発者の意見をきちんと受け入れたいとは思っていても、ともすれば、グローバリゼーションが進む企業環境下で、情報開示だ、企業価値だ、役員報酬だ、株主還元だということが先行し、現在に稼がなければいけない状況に迫《せま》られてしまう。

その意味でも、現在起点と未来起点の両輪でコントロールするのが経営の仕事である、というのが近藤の持論だ。

「モノ＋コト」のイノベーション

「日本のモノ作りは、まだまだこれからやっていけますよ。僕は、やらなきゃダメだと思っている。まだまだ世界でナンバーワンを張れるところがいっぱいあると思いますよ。実際、そういうことに気づいてやっているところが、いっぱい出てきているから」

と、近藤は言う。だが、その一方で課題も多いという。

日本の製造業における課題は、低価格化戦略、ＩＴ産業の垂直統合化戦略、水平分業、韓中による競争からの脱出（ＩＴ産業は米国との競争からの脱出）、グローバル化の拡大と新興市場への進出、そして、「モノ（ハード）＋コト（ＩＣＴ〈情報通信技術〉やサービスの付加価値提供、顧客価値提供）」のイノベーションがなかなかできないことだと、近藤は考えている。

「1周遅れの商品では勝てない。垂直統合でも勝てない。新興市場に出て行かなければダメだ。それから、『モノ＋コト』の『コト』のサービスも、きちんと作らなければいけない。い

知識創造オフィスへ「モノ＋コト」の進化

（お客様のコミュニケーションや働き方が変化しつつある
「モノ＋コト」で、お客様のお仕事をまるごとサポート）

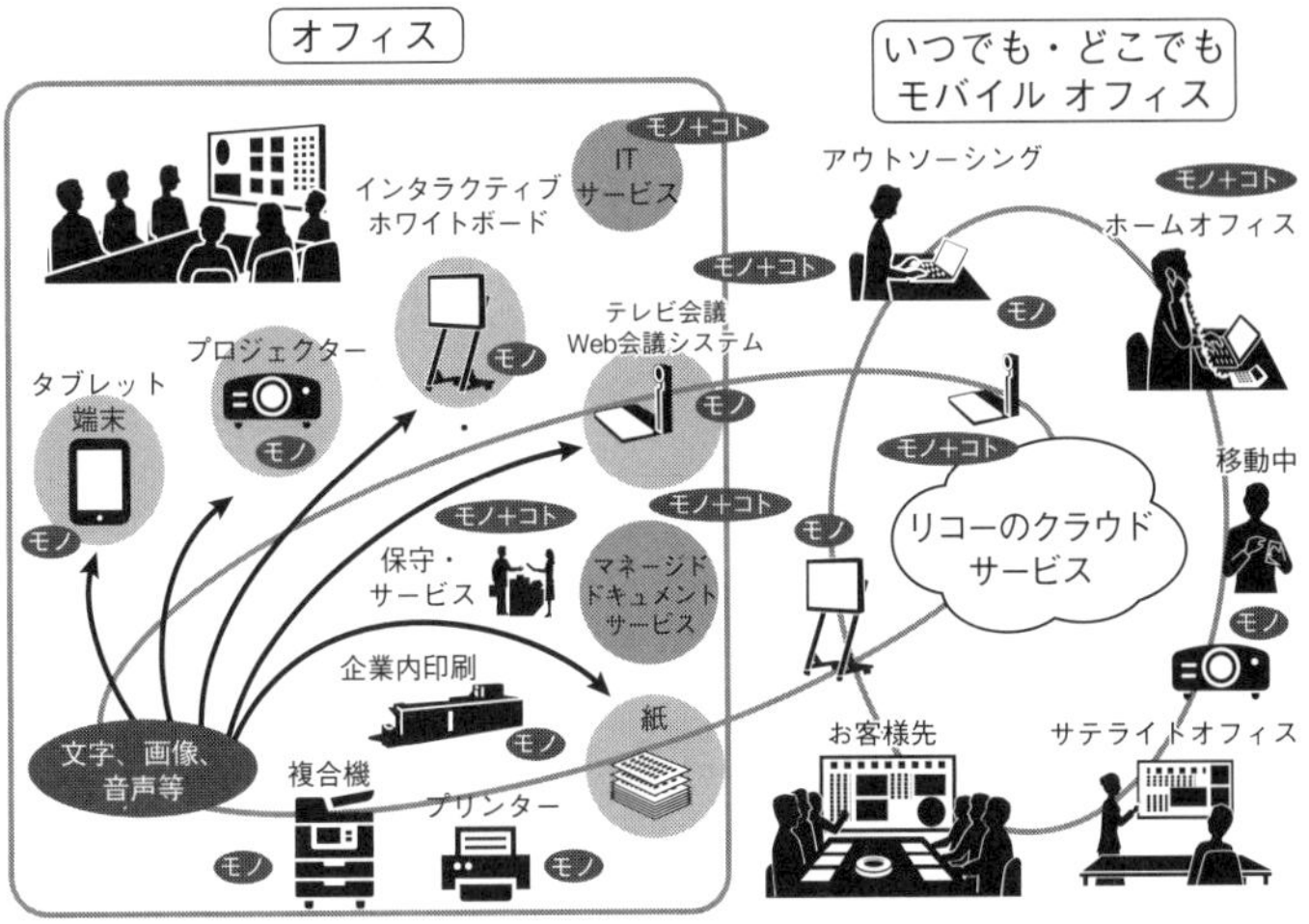

ま日本の企業に問われているのは、この点だと思います」

情報ネットワークの世界では、スマートフォン、タブレット端末が急速に普及し、「モバイル化・クラウド化・ビッグデータの活用」が叫ばれている。

電機やICT業界では、産業化時代から情報化時代へと移行し、「技術のデジタル化・標準化・オープン化」「製品構造のモジュール化」「産業構造の水平分業化」などが進展している。類似商品を作ることが容易になって、機能や品質での差別化が困難になる、いわゆる「コモディティ化」（大衆商品化）がますます加速している。

こうした背景から、「モノ＋コト」のイノベーションを起こす企業が増えてきている。

周知の通りアップルは、みずからのコア事業であるパソコンの周辺にある、ネット世界と連携した新しいビジネスを次々と創出している。ｉＰｏｄ、ｉＰｈｏｎｅ、ｉＰａｄをｉＴｕｎｅｓで接続・サポートし、２０１１年にはクラウドサービスであるｉＣｌｏｕｄを開始。「モノ＋コト」ビジネスを実現した例の一つとなった。

また、ＧＥ（ゼネラル・エレクトリック）では、航空機エンジンの切り売りから、リース契約でメンテナンスまで引き受ける業態に変わり、「モノ＋コト」の価値で利益を生み出している。航空会社は、メンテナンスなどのための人員の雇用や教育をしなくて済むので、双方にメリットがある。

日本企業でも、重機メーカーのコマツが、「ＫＯＭＴＲＡＸ」というＧＰＳを使った建機稼働管理システムを導入して各国の建設現場で成功を収めている。

「ＫＯＭＴＲＡＸ」は、建機一台一台の作動状況や位置情報だけでなく、稼働率や省エネ運転に関する情報提供や提案もする。不具合、故障、保守管理、稼働状況レポートなども、リアルタイムで把握できる。

日立製作所は、イギリスで、マネジメントからハンドリングまでのすべてを含めた鉄道インフラ事業を受注した。また、同社の省エネサービス事業では、エネルギー効率の高いファンやポンプなどモーターに関わるインバーターを顧客の設備に無償で設置し、省エネ効果が出た一部を顧客が使用料として日立に支払うというビジネスモデルを展開している。

もちろんリコーでも、「モノ（プロダクト）＋コト（サービス）」事業への挑戦を行った。見逃せないのは、新規商品を開発し、既存事業と組み合わせ、モノ＋コトの相乗効果を図ろうとしたことだ。

たとえば、「@Ｒｅｍｏｔｅ」というシステムがある。

「@Ｒｅｍｏｔｅ」は、インターネットにつながるリコーの顧客機器（複合機、プリンター）を、リモートで遠隔管理・サポートするシステムである。

ネットワークに接続したデジタル複合機やレーザープリンターをより快適に使ってもらうために、インターネット経由で出力機器の状態や利用状況を、リコーのコントロールセンターで24時間３６５日態勢で監視している。

これにより、顧客に納めた何十台かの機械のうち1台にトラブルが発生している、などといったことがわかる。顧客のトナーがどのくらい減っているかもわかるので、あらかじめ予備のトナーを顧客のところに置いておかなくても、分量を見て、足りなくなりそうになったら届けに行けばよい。

また、顧客に継続的に使ってもらうために、データを分析して無駄がないかどうか調査し、顧客に利用状況を伝えている。このデータを活用して、小さなプリンターがたくさんあったり、使われずに放置されたりしているオフィスがあれば、台数を削減したり、利便性を上げたりするなど、さまざまな業務改革に取り組むことが可能だ。顧客にとっても、リコーにとっても、メリットはきわめて大きい。

「@Remoteは、怖いくらいにいろんなことがわかるんですよ。故障しているのもわかるし、ふたが開いていることまでわかる。

お客さまごとに見ると、買い替えそうなところがわかるので、これを見て営業に行かせるわけです。このように、いろんなことがわかるんです」

現在、インターネット接続している全世界の複合機、プリンターなど約230万台のデータが日々蓄積されている。

たとえば、一年間の平均プリント枚数を国別に比較してみると、日本はゴールデンウィーク、夏休み、年末年始に減っている。中国では、旧正月や国慶節で一気に減る。欧州は夏休みにずいぶん減る。国や地域によって特徴があるわけだ。

個人情報なので扱いには細心の注意が必要だが、こうしたビッグデータの活用は、無限大の可能性を秘めている。

マイケル・E・ポーターの「戦略論」と三愛主義

リコーの創業者である市村清は、「人を愛し、国を愛し、勤めを愛す」という「三愛主義」を唱えた。これは、リコーの社是になっている。

近藤の経営戦略論は、リコーの原点である三愛精神にたどりついた。「いまこそ三愛精神が必要だ」と、近藤は言う。そうして2011年に制定したのが、「創業の精神」を世界11万人のリコーグループ従業員で共有するための「リコーウェイ」である（131頁、下図参照）。

「企業は何のために存在しているか——ということを常に問い続けることが大事だと思います。三愛主義を世界中の社員と共有して、リコーの未来のために仕事をしていこうじゃないか、ということをいまやっているんです」

市村清の経営理念は、つまるところ、

「自分たちが世の中の役に立つ新しい価値を生み出し、提供し続けることによって、人々の生活の質の向上と、持続可能な社会作りに貢献すること」

「世の中にとってなくてはならない信頼と魅力のブランドであり続けること」

「これらを起点に発想し、高い目標に挑戦し続けること」
「チームワークを発揮してイノベーションを起こすこと」
「高い倫理観と誠実な姿勢で仕事に取り組むこと」
ということであり、三愛主義とは、これらの理念を端的に表現したものである。

近藤は、リコーの原点ともいえる三愛主義が、ハーバード大学経営大学院の世界的な人気教授の「戦略論」とつながりを持つと述べる。

「リコーの三愛主義は、ハーバード大学経営大学院のマイケル・E・ポーター教授らが提唱したCSV（共通価値の創造）と、非常に通じている。CSVというのは、極端にいうと、昔の近江商人の『売り手よし、買い手よし、世間よし』と同じです。

僕がいま、とても危険だなと思うのは、会社は『誰のものであるか』と問うと、『株主のものである』と答える人がいることです。しかし、会社は『誰のものであるか』『誰のために存在するか』と問い直せば、会社は顧客のためのものであることは明白です。顧客にとっての付加価値を持続的に提供することが会社の存在意義なのです。その付加価値を創り、提供するのは社員なんです。すなわち、社員が会社の主役となって、価値を提供するんです。それに、株主は株を売ればそれで会社との関係は切れますが、社員は会社から離れられない。会社とともに運命のボートに乗っているわけですから。

そういう意味で、リコーの基本的な考え方である三愛精神は、マイケル・ポーターが提唱するCSVの考え方と一致するし、昔からいう近江商人の考え方とも一致する。古くて新しい思想なんですよ」

会社は誰のものか。創業者の市村は、会社の利益を「株主、社員、未来」に三分割していた。近藤はいまでも、この理念を守ろうと思っている。

経営者はイノベーターであれ

「経営者（リーダー）はイノベーターであれ」と、近藤は言う。

「人はみな、イノベーターになる資質を持っています。破壊的なイノベーションを起こせる人は非常に少ないですけれど、自分の身の回りでイノベーションを起こせる人は、いっぱいいるはずですよ」

『ハーバード・ビジネス・レビュー』によれば、イノベーションを起こすようなよいリーダーは、3つの集中力を駆使するという。

一つは、「自分」への集中力。これは、本当の自分と、他者が見る自分の一致を図ることだ。他者が自分をどう見ているかを考えず、「俺は何でも知ってるぞ」とふんぞり返っている人の周りには、誰も集まってこない。

一つは、「他者」への集中力。人の話を傾聴するということだ。イノベーションを起こすためには、他者の貴重な意見やフィードバックに注意を払わなければいけない。

一つは、「外界」への集中力。ものごとをありのままに認識する、開かれた意識のことだ。さまざまな障壁を乗り越えて目標を追求するうえでは、周りから何を言われても認知制御（我慢強さ、自制心）を発揮し、周りに集中しながら、自分自身がどういう人間であるかを常に示していく必要がある。

「一流の人というのは、これら3つの集中力を持っている」と、近藤は言う。

近藤がいま、社員たちに望むのは、現状を変革していける人になって欲しい、揺るがぬ信念を持って欲しい、そして、〝未来を創る〟後継者を育成して欲しい、ということだ。

どういう人を育成したらいいかというと、目立つ人、世界と闘う気概を持っている人である。また、近藤が社員によく言っているのは、「鳥の目」「虫の目」「魚の目」を持つ人になれ、ということだ。

「『鳥の目』は、俯瞰《ふかん》してものごとを見る。『虫の目』は、本当に細かいところまで、何が起きているのかを見る。『魚の目』は、トレンドはどっちを向いているか、時代はどっちに流れているかを見ることです。僕は釣りをするのでわかるのですが、魚というのは、いつも餌《えさ》がどこから流れてくるかを読んでいる。つまり、トレンドを読んでいるんですね。この3つの目で常にものごとを見なさいと、社員みんなに言っているのです」

そして、真面目で真摯《しんし》なリーダーになって欲しいと切望している。

これまでの自分の歩みを振り返り、「いま、経営者として最も大切な資質は真摯であることだ」と、近藤は言うのである。

ちなみにピーター・F・ドラッカーは、『ドラッカー　365の金言』（ダイヤモンド社）の中で、経営者自身と登用するリーダー双方が真摯さを絶対視して、初めてマネジメントの真剣さが示される、と言っている。

"Never give up, until you win!"

市村清の座右の銘は、「人の行く　裏に道あり　花の山」であった。

これは、千利休が詠んだとされる歌の上の句である。下の句は、「いずれを行くも　散らぬ間に行け」だ。

近藤は言う。

「この歌は、人と同じことをやっていても新しいものなんかできない、人の行く道を行くとしても、早く行かないとダメだ、ということを言っているわけです。創業者は本当に教養の高い人だったなと、つくづく思います」

では、近藤の座右の銘は何なのか。

「あえて言うなら、“Never give up, until you win!”ですね」

勝利するまで、諦《あきら》めずに挑戦し続けろ――。

近藤史朗は、この座右の銘を掲げながら、これからも挑戦を続けていく。

終章

なぜいま、「近藤史朗」なのか

経営者としての7つの特徴

ここまで、「近藤史朗」という破天荒な技術系経営者のビジネス半生を時系列的に見てきた。入社以来、近藤は、いかに言いたいことを言い、やりたいことをやってきたか、いかに自《じ》由奔放《ゆうほんぽう》に伸び伸びとやってきたか。それだけではない。いかにみずから言ったことをブレずに実行してきたか、いかに成果を上げてきたか。

近藤は常に、ビジョンを描きながら、目標を立て、それを追求してきた。自分の役割は何か、就いたポジションごとにビジョンを描き、部署の目指す方向性を打ち出し、自分の役割は何かを考えながら、部隊を動かしてきた。どこに配属されようとも、近藤は目標達成に向けて全精力を傾けた。「やる」と言ったら、率先垂範《そっせんすいはん》して目標を追求し、成《な》し遂《と》げた。仕事の鬼となり、部下や同僚を追い込むこともしばしばあった。

近藤が一貫して大事にしたのは、「顧客」の視点だった。

そんな近藤のビジネスマンとしての特徴は何か。

私は7つあると考える。1つ目は、「傍流出身」であること。2つ目は、私の言う優れた「No.2」であったこと。3つ目は「率直」であること。4つ目は、「言行一致」の人であること。5つ目は、「世のため、人のため」という企業文化の継続に腐心《ふしん》していること。6つ目は、「直観力」。7つ目は、「リーダー教習所論」という独特なリーダー論である。

「傍流出身」という武器

まず、傍流出身の強みとは何か。

近藤は、1973年4月にリコーに入社した。配属されたのは、ファクシミリ事業部だった。当時、リコーの主流は、売り上げの大半を占める複写機事業部であった。ファクシミリは複写機の周辺の一事業部に過ぎず、複写機部門の連中からは「たかがファクシミリ」と見下げられる風潮があった。

ファクシミリ事業部のユニークさは、2つあった。一つは、デジタル技術であったという点だ。アナログ技術全盛の中、唯一ファクシミリ部隊だけはデジタル技術の文化だった。元来、リコーはデジタル技術に弱く、そのためデジタルのファクシミリ部門には、松下電送システム(現パナソニック)、日立製作所、東芝、NECなどから技術者を招聘《しょうへい》し、開発してきたのだ。ファクシミリ部門には外部から来た技術者が多く、〝多様な文化〟を構築していた。それが、もう一つのユニークな点だ。

傍流体験を有する経営者の強みは、一度中心を外れ、外から客観的に会社を眺《なが》める機会を得ている点にある。そのため、会社の裸の事実を冷静に認識し、経営者として改革しなければならない不合理な点をよく見出せるのである。また、海外や子会社の周辺部署などで苦労しているだけに、本社の改革を成功させているケースが多い。

近藤は入社以来、マイナー部門のファクシミリ事業部で開発を行ってきた。そこで、外部から来た技術者にデジタル技術のイロハを学び、ファクシミリ技術を究めていくのである。ファクシミリ部隊のプロジェクトリーダー（ＰＬ）時代、近藤は、数々の小型の普通紙ファクシミリのヒット商品を開発した。詳細は第1章に書いたが、近藤は当時、「自分がリコーのファクシミリ部隊を引っ張っているんだ」と強烈に自負していた。

それだけに、１９９４年、複写機事業部への異動を命じられたときは衝撃を受け、「なぜ、俺が複写機の開発を手掛けなければならないんだ」と悔しがった。

しかし、その悔しさが飛躍のバネになった。「よし、俺が本物であることを見せてやる」と決心したのである。

近藤が異動を命じられた当時、リコーは複写機部門独自にデジタル複合機の開発に着手していたが、販売不振で、赤字状態が続いていた。近藤は彼らのやり方を冷静に、かつ客観的に見ていた。デジタル機器の開発で実績のあるファクシミリ部隊とは根本的にやり方が違っていた。

近藤に与えられた使命は、「デジタル複写機の黒字化」だった。

近藤は、新PLに就任すると、「今後5年間で複写機をすべてデジタルに変える」と宣言した。まず、ビジョンの明示である。近藤はこのビジョンや思いを開発スタッフ一人ひとりに、何度も繰り返し、語り続けた。そして、従来の常識を打ち破るような革新を行い、いままでになかった新しい価値を顧客に提供することが必要だと訴えた。つまり、バリュー、〝行動規範〟である。

その頃、近藤は若くしてすでに、「事業は利益を出さなければならない」との考えに到達していた。利益の出ない事業は事業とはいえないとし、イノベーションも「顧客に新しい価値をもたらすもの」であると定義していた。

ファクシミリ部隊時代、自分が苦労して開発した製品がまったく売れず、苦悩した際、近藤が体得した事業家魂であった。

近藤は、デジタル複合機の開発では、ファクシミリの開発手法をそのまま導入した。会議を連日開催し、メンバーに課題を与え、その翌日にはアイデアを発表させるという密度の濃い作業から始めた。「リコーの命運がかかっている」という危機感を植えつけ、不眠不休で難題を克服していく力につなげていった。

その結果、誕生したのが、「ｉｍａｇｉｏ ＭＦ２００」であった。プリントされた紙を、本体内部に設けられたトレイに排出する「胴内排紙」を実現したほか、過剰な機能を削ぎ落として仕様を簡素化し、コストを大幅に低下させた。全世界で販売総数70万台という、デジタル複合機としては空前の大ヒット商品になった。

見逃せないのは、それを機に、近藤が「サービス分野」の強化を訴え始めたことだ。デジタル複合機を売るためには、顧客のために何ができるかを説いていく。そして、顧客の業務に応じて提供できる利点を提案することだ、と。

その後、近藤は執行役員、常務、専務、社長へと階段を駆け上がるが、一貫して訴えたのは、「ソリューション（問題解決）型営業へのシフトが不可欠」ということであった。

これからは、デジタル時代になる。ネットワーク時代になる。情報通信時代になる。近藤が当時、描いたビジョンは、「ネットワーク時代のオフィス革命」であった。まさに、傍流組だからこそ、客観的に会社を眺めて見えた未来の姿である。

近藤は、課長時代から今日までずっと事業改革を行い続けている。まず、他社に先駆けて複写機部門のデジタル化に成功。アナログ機の時代に見切りをつけさせた。その後、ハード主体の複合機事業から、ソリューション・サービスの領域へ、さらにオフィスの分野からプロダクション印刷事業の分野へ拡大し、そしていま、情報コミュニケーション分野へ進出し、リコーのコア事業を進化させつつある。

そんな近藤の爆発的エネルギーの源泉は、傍流体験にあったのである。

組織を活性化する「№2」の才能

近藤の第2の特徴は、偉大なる「№2」であったことだ。

組織というのは、時間が経てば必ず「機能不全病」にかかる。いわゆる〝マンネリ化〟である。それが続くと組織は弱体化し、やがては死に向かっていく。症状としては、ヒラメ社員の登場、自己保身に走る社員の増加、イエスマンの跋扈《ばっこ》、セクショナリズムや権威主義の横行《おうこう》……など。それを退治するのが、「№2」である。

私の言う「№2」とは、役職や地位の「2番目」ではなく、社員のモチベーションを高めるような各階層にいる「№2」的存在である。「№2」が、組織の風通しを良くし、同時に「コア社員」にやる気を持たせるのである。

そうした「№2」は、トップと社員の間に位置し、トップの参謀的な役割を持つと同時に、社員のモチベーションを高める世話役機能も持っている。役割の半分は、トップマターといっていい。つまり、トップの補佐役・参謀役・相談役として言うべき意見を表明し、伝えるべき情報を伝えるのだ。また、「№2」は、トップの判断や決断が正しいかどうかをチェックし、もしそれらが間違っていると考えれば、率直に意見し、判断を変えさせ、決断を撤回させる。

たとえば、社長が企業理念に反して本業と関係のない分野へ投資したり、無茶な利益拡大に走ったり、法律違反を犯すことがあったりすれば、「No.2」がそれを咎《とが》め、正しい方向へ導いて社長の暴走を止める。

もう一つの役割は、社員のモチベーションを高めることである。モチベーションを高めるには、舞台作りを行う必要がある。トップの掲げた経営理念やビジョンを追求しながら社員のモラール（士気）を高め、社員に生きがいを与える仕組みを考え、企業が成長していくうえで必要な潜在的エネルギーを引き出す。上下の情報の仲介を果たしながら、社員同士の信頼を構築し、見えないところでトップをサポートする。

持続的に成長する企業には、「No.2」的役割を果たす人が随所にいる。「番頭」のような役割である。そして、目の前にある問題から逃げている連中に対して、命令や指示ではなく、自発的にやる気を出させるには何をすべきか考えている。澱《よど》んだ社内の空気をかき混ぜ、新しい風を吹き込み、人の気持ちをもかき混ぜていく。

なお、こうした「No.2」の役割については、拙著『続く会社、続かない会社はNo.2で決まる』（講談社＋α新書）に詳しい。ぜひ、そちらを参照していただきたい。

さて、近藤である。私が見るところ、彼は、若い頃から「No.2」的役割を果たしてきた。開発部隊のリーダーとして複写機をアナログからデジタルへ、単機能からファクシミリ、プリンター、スキャナー機能を併せ持つ複合機へと進化・一般化させ、新しい市場を開拓する〝リーディングカンパニー〟へリコーを導いた立役者だった。近藤がイノベーションに成功したのは、常識や慣例、通説に囚《とら》われず、ただひたすら顧客の立場に立って考え抜いたからである。

「率直」であること

第3の特徴は、「率直」であることだ。

近藤は、「常に率直であれ」「言うべきことを言おう」と主張してきた。

率直さには、①意思決定が早くなる、②豊富なアイデアが得られる、③潜在的な問題を顕在化させる——という効果がある。

多くの人が、自分の思っていることを率直に話さないのは、他人が嫌な気分になるのを避け、衝突を回避するためである。つまり、本当のことを口にするのはリスクが伴うのである。同僚に煙たがられ、上司に疎《うと》まれ、時には左遷《させん》されることもある。

他人が嫌な気分にならないように、衝突を避けるために、口をつぐむ。そして、悪い情報は体裁《ていさい》を繕《つくろ》うためにオブラートに包む。自分の胸にしまい込み、情報を外に出さない。それが率直さに欠ける状態だ。

近藤が過去、上司とよくぶつかったのは、「率直さ」ゆえである。デジタル複合機の開発部隊のＰＬとして、近藤は企画・営業の両部隊に対して、常に率直に意見を述べてきた。そのため新機種のデザイン、機能、コスト、売り方を巡り、しばしば衝突した。口角泡を飛ばしての議論は、互いが納得するまで続いた。大ヒット商品が誕生したのはその結果だった。

近藤は私に語っている。

「僕は若い頃から、『納得するまで話し合う』という信条を通してきましたから、よく上司とぶつかりました。納得しがたい問題には率直に疑問をぶつけ、意見を言いました。『なぜ、こんな非生産的なことをしているのか』『どうしてあんな無駄なことを続けるのか』『こうすればお客さま価値を高めることができるはずだ』と」

社員は、会社の命令や指示では動かない。モチベーションが高まるのは納得したときだけだ。それだけに、社員を動かしたいのであれば、いかに納得してもらうかが〝鍵〟となる。

社員が自発的に考え、行動して、目標を達成したときの達成感は深い感動に変わる。仕事に生きがいを感じ、会社への忠誠心が高まり、いっそうやる気が出てくる。近藤が言う。

「ぶつかりながらも、やりがいのある仕事を与えられたおかげで、リコーという会社にますます愛着を覚えていきました」

率直であるには、胆力と覚悟が要る。

また、率直であり続けるためには、どのような姿勢や視座が必要なのか。私は次の5つが重要だと考える。

①愛社精神を持つ

愛社精神の対象は、上司や同僚、所属部署であってはいけない。対象は広義の「会社」でなければならない。会社の創業者や創業時の理念、経営理念、会社のブランド、商品やサービス、企業文化……に誇りを持ち、こよなく愛する気持ちが愛社精神だ。

②会社を長く継続させることに夢とロマンを持つ

会社の未来に思いを馳《は》せて、長寿企業にすることに夢とロマン、志《こころざし》と喜びを感じることが大事となる。

③立身出世、毀誉褒貶《きよほうへん》に無関心でブレない

出世欲のある人は、トップや上司が替わるたびにブレて軸足が定まらないため、人望がない。たとえ名前が残ることはないとしても、少なくとも自分の心の中に「俺はこういうことをやったんだ」という足跡を残したいと思う人には、自然と人がついてくるものだ。

④自分に対する評価を気にしない

自分がどう評価されるかよりも、自分を含めた周りの人たちが気持ちよく、やりがいのある仕事ができるような職場作りを優先することが大切だ。

⑤裸になれる、弱みを見せられる

人間は、相手が弱みを見せれば安心するし、相手が裸になれば自分も裃《かみしも》を脱ぎたくなるものだ。周囲の人たちの本音を引き出すには、まず自分が胸襟《きょうきん》を開く必要がある。

近藤は、これら5つの「率直さを維持しうる条件」を備えていた。

むろん、誰からも愛される人間性と篤実《とくじつ》な人柄がものをいったことは、いうまでもない。

言行一致の人

近藤の4つ目の特徴は、「言行一致」の人であることだ。

近藤は、社長就任のあいさつで、「会社を筋肉質に変えていく」と宣言し、複雑化した業務プロセスと肥大化した組織にメスを入れ、体質改造および「組織階層」の見直しに取り組んできた。

社内では、強力なリーダーシップを発揮し、大企業病に陥《おちい》り、業績不振に喘《あえ》いでいたリコーをみごとに蘇生させた。しかも、社長在任期間6年間で、構造改革を断行し、V字回復を達成したのである。

近藤によると、彼が社長に就任する数年前から、リコーは業務プロセスが複雑化し、組織が肥大化するなど、至るところで大企業病の兆候《ちょうこう》が見られたという。そこで近藤は、意識改革、構造改革に着手する。

近藤の改革の肝《きも》は、Restructuring（事業再構築）とGrowth（成長）を同時進行させたところにある。グローバル市場では、激しいコスト競争と新たな付加価値の提供合戦が繰り広げられている。コスト削減のみ、あるいは付加価値提供のみでこの熾烈なグローバル競争に打ち勝つことはできない。

近藤は、企業のリーダーとして、構造改革の目的とその意義を全社員に示し、共有させ、全社員を一つにまとめて改革に向かわせた。みずからの言葉で、構造改革にかける思いとビジョンを繰り返し語り続けた。それも、本社の役員や管理職だけではなく、営業の最前線の人間から、各営業所・事業所の従業員の一人ひとりに至るまで、全従業員に伝えている。

それを実行したのは、近藤が、経営者の責任とは企業のリーダーとしての役割を貫徹することだと考えていたからである。それも、幹部社員をまとめたり、中間管理職を引っ張っていったりするだけでなく、工場や販売店の人々まで含めた「社員全体のリーダー」でなければならない、と考えていたのである。

リーダーであるためには、工場労働者から販売店のセールスマンまで、社員一人ひとりに会社のビジョンを伝え、全員がそれを共有できるようにしなければならない、と考えた。そして、そのために、会社にとって大切な目標を誰にでもわかる形で掲げ、何を最優先に進めていくか、優先順位まで明らかにしたのである。

前述した通り、近藤は改革の旗を掲げた。

・販売・サービス体制・プロセスの効率化
・不採算事業の見直し
・生産拠点のグローバル最適化
・簡素化や標準化など、あらゆる業務のリエンジニアリング
・グローバル化での人員リソース改革
・グローバル集中購買の促進

一方、成長のための事業戦略も打ち出している。

・基盤事業における収益構造の再設計
・モノ＋コトによる事業構造への転換
・新興国市場における事業拡大
・プロダクションプリンティング事業（商業印刷＋産業印刷）の収益拡大
・新規事業の育成加速

こうして近藤は、体質改造だけでなく、成長戦略も同時に進行させたのである。

経営者の最も大切な仕事とは何か。

それはターゲット、目標を与えることである。しかも、経営者が自分の目で見、自分の耳で聞き、自分の頭で考え、自分の言葉で語り、自分の腹を括《くく》ることが求められると私は考える。

近藤は、改革理念やビジョンを、秘書室や経営企画部などの会社の管理部門のスタッフに書かせず、みずから書いている。そして近藤は、２００７年にこの改革構想を示したのち、みずから国内拠点をすべて回り、自分の言葉で、自分のビジョンを語る「伝道」を行っている。その後も、アジア、欧州、米国などを回り、幹部や社員に根気強く、繰り返しビジョンを直接伝える努力を続けている。

近藤は、言行を一致させた。すなわち、自分の言葉で表現したビジョンや方向性通りの会社運営を実行したのである。社員が近藤の「本気」を信じたのは、それゆえである。近藤による企業改革の特筆すべき点は、まさに言行一致の断固たる実行にあった。

「世のため、人のため」の経営理念を継承

5つ目の特徴は、「世のため、人のため」の経営理念の継承に努めていることだ。

かつて私が、「会社は誰のものか」と訊《たず》ねると、近藤はこう答えた。

「会社は公《おおやけ》のものです。むろん、お客さま、従業員、株主の利害関係者も含まれますが、さらに、もっと広い社会性を持った存在だと思います」

1980年代には「従業員、顧客、株主」と順番に答えたトップたちも、2000年代になると、異口同音に「株主のもの」へと変わった。確かに、資本主義経済の原則に従って考えれば株主のものといえる。

では、「会社は誰のためのものか」「誰のために存在するか」と問い直すと、答えは「顧客」

である。顧客にとっての付加価値を持続的に提供することこそ、会社の存在価値なのである。成長を遂げる企業のトップが、自社の提供する製品サービスに興味があるのはそのためだ。逆に、株式市場の評価のみに関心がある企業は成果が上がらない。

その点、近藤は、開発部隊のPL時代から、一貫して顧客に興味を持ち、変化するニーズを追求してきた。

近藤はかつて私に語ったことがある。

「お客さまのニーズに対応していかないと、われわれの存在価値はない。ハード主体からソリューション・サービスの領域へと事業を拡大したのも、ニーズが事務機の所有から利用へと、つまり、〝モノ〟から〝モノ＋コト〟へと変化したからです。要因は、コスト意識の高まりと、仕事の進め方の変化です。顧客起点で、〝お客さまとの接点部分〟の強化・拡充に経営資源を注いでいるところです」

近藤の言う〝顧客〟とは、〝市場〟であり、〝人の世〟なのである。市場をないがしろにする企業には存在価値がない。顧客のためにならない企業は、経済社会から退出せざるをえない。だからこそ「世のため、人のため」になる会社でなければならない――。近藤の顧客起点の「発想の原点」だ。

成長する企業の共通項は、「利益を上げることを通じて長期的な社会貢献を目的とする組織」という企業観があることだ。利益が上がりさえすれば何をしてもよいとは思っていない。企業である以上、利益を目指すとしても、究極の目標は「カネ」ではない。継続的な社会貢献である。そのためには手段として利益が必要だ、という考えなのである。

近藤の判断の拠《よ》り所は、創業者・市村清が唱えた「三愛精神」である。「人を愛す」――お客様の役に立つ新しい価値を提供する。「国を愛す」――事業活動を通じて社会へ貢献する。「勤めを愛す」――自分の仕事を大事にし、情熱を傾けて取り組み、自己実現を図っていく。

「創業者は、『事業の本質は世のため、人のために尽くすことである』と言っています。これは、『人と情報のかかわりの中で、世の中の役に立つ新しい価値を生み出し、提供しつづける』という経営理念となって受け継がれています」

近藤が腐心したのは、いかに個々の社員を動機づけしうるか、であった。まず社員全体に「世のため、人のため」という価値観を共有させなければならない。価値観の共有化によって初めて、社員全体のベクトルを揃《そろ》えることができる。すると、社員はトップと同じ目的に向かって、みずからの判断で最善の方法を自発的に選択して行動するようになる――。

〝近藤改革〟の底流にあるのは、「世のため、人のため」、つまり、〝顧客起点〟の徹底化だ。みずからが顧客に関心を持ち、現場へ下り、現場主義を率先垂範《そっせんすいはん》するのも、また世界直売体制の確立を目指すのも、〝顧客接点力〟の強化を図るためだ。

さらに、「試作を作らずに、創る」という画期的な取り組みは、開発者の意識改革が目的である。また、海外各地域に設計センターを設置したのは、現地開発の自立化の一環であり、グローバルマーケティング本部の発足は、究極的には世界中で〝御用聞き《ごようき》〟や〝コンサル業〟を強化、拡充させる狙《ねら》いからだ。いずれも、新たな顧客価値を提供すべく革新を起こすためだ。

「お客さまの、経営方針から仕事への考え方、生活信条、趣味に至るまで、もっとよく知らなければなりません」

即断即決を導く「直観力」

6つ目。「直観に従って決断する勇気を持つこと」をリーダーシップに挙げるトップは少ない。しかし近藤は、「即断即決する勇気を持つ」ことの必要性を率直に認めている。

「僕は、判断や決断を求められるとすぐに結論を下したものです。即断即決です。一つは話を聞いたときに自分の中で真っ先に起こる反応を大切にしたいからです。最初に湧《わ》き起こった感覚は妥当《だとう》なことが多い。最初に考え始めたときが最も集中して考えられるからです。

後日、再考しても、そのとき感じたエキサイティングな気持ちが失われてしまい、さまざまな付帯条件が頭の中に浮かび、迷いが生じてくる。すると、どうしても無難な結論を導き出しがちになってしまう。石橋を叩いて機を逸するということです」

即断即決は、換言すれば「直観に基づく決断」となろう。それらの決断には論理的な裏づけができない場合がある。しかし、過去何度も同様の経験をしたり、いろいろな場面を見たりしてきているので、次に何が起こるのかわかるときがある。データが十分でなくても、感じられることがあるのだ。

近藤は考える。

――へたの考え、休むに似たり。

「これはよい、やる価値がある」と少しでも思ったら、まずは動いてみることだ。その結果、万が一期待外れになったとしても経験が残る。何もしない間は経験を積むこともできず、みずからを成長させる機会も失う。近藤が語る。

「僕は、人一倍心配性で、慎重な性格。考えれば考えるほど負の側面が気になり始め、結論を先延ばしにするか、無難な方向を選ぶかになってしまう。そうした自分の性格を理解しているからこそ、勇気を振り絞《しぼ》って、あえて即断即決を心掛けているのです」

振り返ると、近藤は今日までの間、異なる環境を経験してきている。数人の開発チームのリーダーだったことも、数千人の事業部門長を務めたこともある。買収、構造改革、組織の危機、好景気そして不況……。どんな仕事を手掛けるときも、ビジョンと目標を掲げ、チームが一丸となって突き進む環境作りに腐心してきた。

もちろん、決断がすべて即断即決ではないことはいうまでもない。十分に時間をかけて決断する場合もある。

その特徴はいずれも、意識が変わるくらいの高い目標と、大胆な指示を与えるものであることだ。

たとえば、リーダーとして開発に携《たずさ》わったデジタル複合機は、「販売目標は100万台」と宣言した。当時ヒット機種で20万台の時代、営業からは猛反発を受けた。また、画像システム事業本部長のときは、規模を10年で10倍に拡大すると宣言。さらに専務時代、「試作のないプロセスを目指す」とシミュレーション方式を導入。社長就任後も、グローバルマーケティング本部の設置などを決断した。いずれも社内の一部から反発を受けたが、近藤は「人から嫌われるような決断を下す勇気」を持ち合わせている。

近藤は、「リーダーが即断即決で改革を加速させていくなら経営のスピードが速まり、成長軌道に乗る」と確信する。

見逃せないのは、リコーの企業理念である「新たな顧客価値を提供し続ける信頼と魅力のある世界企業」を愚直に守り抜く一方で、理念を体現していく方策はきわめて柔軟に、時代の変化に合わせている点だ。

さらに、近藤は科学的アプローチを経営の基礎にする。状況を把握する際、理論よりも事実を大切にする。仕事の現実をよく見て、解決策を考える。

「経営というのは、実際に仕事に取り組みながら、その場その場でいちばんいい方法を見つけていくものなのです」

独自のリーダー論——リーダー教習所論

7つ目。近藤は、リーダーの役割について私にこう語っている。

「リーダーは、目標とそれを達成することの意義を部下に示し、全員の気持ちを一つにして目的を成し遂げていく。メンバーから決断を求められたなら、みずからの意思と責任において決断を下す。間違っても、『多数決で決めよう』などと言い出してはならない」

持論は「リーダー教習所論」である。

職場はリーダーにステップアップしていくための〝教習所〟という側面がある。みずから考え行動した結果に誤りがあっても、臆《おく》することはない。上司が部下の成長を促《うなが》したいと考えているならば、あなたの挑戦を必ずサポートしてくれるはずだ――。

近藤が述懐《じゅっかい》する。

「僕は過去、さまざまなことに挑戦してきた。その結果、多くの失敗を経験した。失敗から学び、次につなげていくことが大事。挑戦のないところに失敗もない。失敗がなければ学習することも、自分を成長させることもできない」

近藤が最重視するのは、リーダーを育む上司の心構えだ。

「上司は大きな存在です。理解ある上司の下《もと》でこそ、頑張ることができるし、自分の能力を知ることができる。上司は部下の可能性を引き出し、成果を上げさせて、それを正しく評価できる存在でなければなりません」

注目すべきは、近藤が説く「上司は部下の役に立つ存在でなければならない」という〝上司論〟である。現場は常に部下の向こうにある。営業の場合、課長から見たら部下たちの向こうに顧客が、工場の場合、部下たちの向こうに技術や商品がある。つまり、部下は直接顧客を知り、変化を知る立場にある。変化に対応するには、部下をサポートしなければならない——。リコーではそんな企業風土が浜田広時代から続いていたが、近年、希薄になってきていると感じる。近藤が警鐘を鳴らす理由はそこにある。

社員に対する叱咤激励《しったげきれい》も、危機感からである。小さな成功で傲慢《ごうまん》にならず、緊張感を持続させる。原則を維持する一方、常に進化し、創造的な改善と適応によって手法を変えていく。会社の目的を明確にする姿勢と謙虚にものを学ぶ姿勢を貫《つらぬ》く——。チーム力を強くしたいという一念からである。

本来、日本企業はチーム力で世界を相手にしてきた。それが、グローバル化が進むにつれ、日本は社会全体が自己責任、個性重視と「個」に重きを置くようになり、組織やチームの中にあっても常に「個」の存在を強調するようになった。その結果、チーム力は弱まる傾向にある。

競争力の強い企業は、チーム力によって支えられている。さまざまな集団がスクラムを組んでチームワークを発揮するからこそ、1プラス1は3にも5にもなるのだ。

「社員一人ひとりが役割を自覚して動くことが大事。一人でも役割を果たさない人がいると、チームの成果は上がらない。リーダーは叱《しか》ることも大切です。問題点を指摘し、反省を促し、同じことを繰り返さないように諭《さと》す。前提は愛情を持つことです」

リーダー育成法の極意は「任せる」ことである。効果は、過去の体験で実証済みだ。ファクシミリやデジタル複合機のPLとして大きな成果を上げることができたのは、「上司が任せてくれたからだ」と明かす。コア社員を主役に育てる。「No.2」を育てる土壌は、トップの胆力次第で決まると私は考える。

そんな近藤がいま、リコーに対して警鐘を鳴らす。

「最近のリコーは、現場に真実があることを忘れ、本社のガバナンス（企業統治）を利かせるために報告書を提出させたりしている。現場に行けば済むことなのに……」

企業の衰退というものは、その多くがみずからが招いたものであり、成長もたいていはみずからの力で達成できる。近藤はそう確信し、新たな自己革新に挑んでいく。

以上、7つの特徴に、私は近藤のビジネスマンとしての凄みを見るのである。

「経営者受難の時代」の正体

次に、近藤史朗の目指す経営とは何か、近藤にとってイノベーションとは何かを見ていきたい。

企業経営者の多くが、「いま」という時代を「経営者受難の時代」と受け止めている。

私が会った経営者の多くが、世の中のカオス（混沌）化を理由に挙げている。

さらに、社会の変化の速度が加速していることも理由に挙げる。

原因は、経済のグローバル化にある。グローバリゼーションの急進展によって変化のスピードは一段と速まった。一寸先が読めなくなっているのである。

また、経営者は、資本市場からステークホルダーに至るまで、「収益」を上げることを至上命令として求められている。グローバリゼーションにより、経営者を評価する基準はただ一つ、収益を出しているかどうかになったのである。

企業経営者が、いくら卓越した技術を開発しても、また、いくら素晴らしいサービスを提供していても、利益を生み出さない経営者ならば、退場を余儀《よぎ》なくされる。

経営者のミッションは一つである。すなわち、利益を上げ、株価を高め、企業価値を増大させることのみとなったのである。

企業には、持続的成長が求められる。成長が鈍《にぶ》れば、企業価値は減少し、やがて衰退の道を歩むことになる。では、経営者はどうすれば、持続的成長を遂げることができるか。私が長年、追いかけてきたテーマである。

資本効率を高め、収益を上げれば、企業は存続しうるのであろうか。生産性の向上を追求し、効率一辺倒に走り、利益を上げる企業は持続するのであろうか。企業文化を醸成しなくても持続的成長は遂げられるのだろうか。

そんな疑問を持ちながら私は、多くの経営者に取材してきた。その結果、持続しているのは、経営理念に基づく企業文化をしっかり持ち、その実現に向けて、邁進《まいしん》している企業であることがおぼろげではあるがわかってきた。トヨタ、ホンダ、日立、GE、デュポン、ダウ・ケミカル……。こうした会社の共通項は、いずれも「育てる文化」を育んでいることである。人を育て、技術を育て、事業を育てているのである。

だからといって、決して効率を追求していないわけではない。資本効率をギリギリまで突き詰めている。ただ、「初めに企業文化ありき」であって、効率はあくまで「文化」のうえに接《つ》ぎ木《き》している形である。

元来、日本の企業は「育てる文化」であった。人材も、技術も、事業も、自前ですべて育てていた。そこに日本企業の強みがあった。

一方、効率至上主義の欧米の企業は、「選択する文化」である。できる人を選んでスカウトし、技術や事業は強いところを買収すればよい。その割り切りが欧米企業の強みであった。ところが、そんな欧米の選択する文化に、黄色信号がともり始めている。その典型例は、自動車産業である。

世界最大の自動車メーカーであるGMはマーケットダウンし、GMにとって代わってナンバーワンとなったVW（フォルクスワーゲン）は、データの捏造《ねつぞう》により消費者の不信を招き、販売が低迷している。いずれも、選択する文化を重視した結果である。


持続的成長を実現するため、経営者は何を求められているのか。

経営者が企業を存続させるには、昨日と同じではいけない。過去の自分を否定し、過去の成功体験を否定し、前任者を否定し、会社のあり方を否定する。変化するビジネスシーンにおいて、変わり続けない限り継続はできない。それはつまり、過去、常識、慣習を覆《くつがえ》し、イノベーションを継続して行うことにほかならない。

それができる人材こそ、「経営者」であり、その源は「胆力」にあると私は考える。

私は、拙著『会社の命運はトップの胆力で決まる』（講談社）で、そんな視点から「胆力」の在《あ》り処《か》について掘り下げているが、その後に上梓《じょうし》した拙著『「使命感」が人を動かす――成功するトップの絶対条件』（集英社インターナショナル）では、さらに胆力、言い換えれば「覚悟」の源泉に迫《せま》った。それこそが経営者に必要な、最大にして最重要の資質であると考える。結論からいえば、それは「使命感」に帰着する。

オーナー創業経営者の場合、成功しているケースを見ると、ほとんどの経営者が「使命感」があり、「夢」を持ち、「志」を立てている。創業経営者は、その経緯からして、創業時からすでに等しく「夢」や「志」を内在させており、それらは「使命感」とワンセットになっているのである。

「使命感」「志」「夢」はあるか

近藤史朗は、起業の「志」を立てながら、リコーに入社し、若くしてファクシミリの開発プロジェクトリーダーとなり、画期的な商品を次々と世に送り出した。その後、デジタル複合機を開発すると同時に、リコーの企業文化をアナログからデジタルへ全面転換、経営改革を推進するなど、今日のリコーの礎《いしずえ》を築いてきた。一サラリーマンであった近藤に、それが可能となったのはなぜか。

企業は恒常的に利益を上げなければならない。従業員の生活の安定、株主への利益の還元、社会への貢献、会社が存続するための先行投資の４つの使命を全うするためには、利益は不可欠であるからだ。
短期的な利益ではなく、継続的な利益を創出するためには、世の中、社会のために仕事をする、いわば〝社会貢献〟をなさねばならない。企業の社会貢献とは、自社の生み出す価値ある商品やサービスをマーケットで顧客に提供することを通じてなされるものである。もともと創業の理由に使命感があり、かつ長期政権になりがちな創業経営者・オーナー経営者と、何期か務めて次にバトンタッチするサラリーマン経営者とは、まったく異なる存在であるようでいて、実はこの点において違いはなくなるのである。

問題は、普通のサラリーマンは、そのままでは経営者にはなれない、ということだ。会社は自分の資産・財産でもないし、特別な待遇や教育をことさら受けるわけでもない。そもそもその会社に入ったのは、偶然にすぎない。学生時代にいくつか内定を得ていれば、まったく違う会社で、まったく異なる人生を歩んでいてもおかしくなかったのだ。たいていの場合、コミットメントは、創業経営者に比べてはるかに小さなものとならざるをえない。

では、そんなヒラ社員が、どうやって「経営者」になるのか。いや、なれる会社はどういう会社なのか。
それは、「カネ」以外に「世のため、人のため」という大切な価値観を持っているか否かで決まる。

優秀企業のトップは、利益が上がりさえすれば何をしてもよいとは思っていない。顧客への貢献に見合わない利益を得ようとすれば、必ず経営に破綻《はたん》が生じることを知っている。利益は社会貢献のための手段なのである――と。そうした使命感を持ったトップが、会社を動かし、人を動かすのである。

いまという時代を「経営者受難時代」と受け取るかどうかは、経営者自身が「使命感」「志」「夢」を抱いているかどうかで決まる。

つまり私は、経営者受難時代という見方は、経営者の逃げに過ぎないと考えるのだ。変化のスピードが速い今日ほど、経営者にとってやりがいのある時代はないだろう。変化が激しいということは、それだけ多くのチャンスがあるということなのである。

イノベーションを「創造」せよ

企業が成長を遂げるためには、イノベーションが必要である。イノベーションなき成長はありえない。

技術でいえば、アナログからデジタル。デジタル化に乗り遅れた代表例は、写真フィルムの世界最大手の米イーストマン・コダックだ。世界市場の60%を占めていた「フィルムの巨人」

コダックは経営破綻してしまった。

また、ブラウン管テレビから薄型液晶テレビへの転換もそうだ。トリニトロンカラーテレビに依存し、液晶テレビの開発を怠ったソニーは苦戦している。

さらに、携帯電話（ガラケー）からスマートフォンへの転換だ。乗り遅れたＮＥＣ、パナソニック、東芝、ソニーは、この分野で苦しんだ。

加えて、ガソリン・エンジンからモーターを併用したハイブリッド型自動車だ。ハイブリッド車は、ホンダとトヨタがリードする。これからは燃料電池車が注目される。

サービス分野では、宅配がある。パイオニアとなったヤマト運輸は成長を続ける。乗り遅れた運輸の巨人、日本通運は苦戦を強いられている。また、ＬＣＣ（格安航空）も航空産業のイノベーションだ。

業態のイノベーションでいうと、メーカー委託販売からＳＰＡ（製造小売業）への変化がある。ユニクロは発展を遂げている。委託販売のレナウンは中国資本に買収された。

「保守したくば改革せよ」という言葉があるが、それは、「存続するためには改革が絶対的に必要である」という意味である。

常に新しい製品の開発・販売をし、新たなサービスの提供を行うこと。安定した収益を上げること。その収益で社員の生活を守り、株主に還元し、先行投資を行い、社会に貢献し、社会から尊敬される企業になることである。

だからこそ企業の経営トップは、新しい価値を創造するイノベーターでなければならない。そのために、イノベーションを起こしやすい環境作りを行うのだ。

イノベーションの原動力となるのは、社員の自発的、内発的な働きである。社員の高いモチベーションであり、現状を変えようとする熱意、成長を遂げようという情熱だ。

極論すれば、イノベーションが先で、収益は後である。イノベーションなき収益はありえない。


近藤史朗はリコーに「デジタル革命」というイノベーションを起こした、イノベーターである。それがイノベーションの原点となった。近藤は技術系経営者だが、事実から出発して理論へと考えを進める。決して理論から入っていくことはしない。理論を現実に当てはめるのではなく、事実関係を調べ、人々の生の声を聞き、現状を把握したうえで理論を構築する。

近藤が、人の話をじっくり聞くのはそのためである。相手の目をじっと見て、相手の言葉に耳を傾ける。また、聞き上手でもある。温和な表情で、「その点は、どうお考えでしょうか」「どうしてそうなるのでしょうかね」などと聞かれると、相手はつい返答してしまう。


なぜ、近藤は相手の話に耳を傾けるのか。

相手の持っている情報、アイデア、知識と、自分が知る情報、自分が持つアイデア、知識を合わせると、化学反応を起こして、新しい知識が創造できる。過去に考えたことであっても、そこから新しい知識やアイデアが創造されると確信するからである。

知識の創造は、人と人がコミュニケーションを行って初めて実現する。逆に言えば、人の話を聞かない人間は知識創造ができない。

新しい知識創造は、いろいろな人とのコミュニケーションで生まれる。

「ルナ・ソサエティ」のすすめ

18世紀にイギリスで産業革命が起こった。この産業革命の主役となる人たちが満月の日に一堂に集まる邸宅がバーミンガムにあったという。文学者、哲学者、機械学者、宗教学者、理学博士、物理博士など、いろいろな専門性を持つ人々が集い、この場所はいつしか「ルナ・ソサエティ」といわれるようになった。毎日、いろいろなエキスパートたちが議論する。専門の壁を取り払って、議論される。すると、新しい知識が創造される。

このようにして、ルナ・ソサエティから生まれたものこそ、イギリスの18世紀の産業革命というわけだ。

日本はどうか。

戦後、日本でノーベル賞を受賞した学者を最も多く輩出《はいしゅつ》している大学は、京都大学である。なぜ京都大学に、ノーベル賞受賞者が多いのか。京都の町は、東京に比べて、小さく、狭《せま》い。当然、学者たちが集まる飲食店も限られる。飲み屋街といっても、祇園《ぎおん》町、木屋町など数ヵ所しかない。その狭い町の飲み屋に、京都大学の学者が集まる。

ただ集まるだけではない。お互いに顔見知りだから、いろいろな話をする。理学専攻の人たちは哲学専攻から話を聞く。また、その逆もある。異分野の話を聞くことによって、新しい知識が創造される。つまり、京都版「ルナ・ソサエティ」があちこちで生まれるわけである。

これが、ノーベル賞を受賞する学者が最も多く生まれる要因だと、私は勝手に推測している。

近藤史朗ほど、人の話を聞く人はいない。近藤が影響を受けたのは、リコーの創業者である市村清であるという。もちろん、近藤は市村と会ったことはない。第4章でも触れたが、市村の著作を読んで次のことを知ったのである。

「野中郁次郎さんの知識創造の一般原理、『SECI《セキ》モデル』は、60年も前に市村さんが言っていたことと同じです。野中さんは、『個人の知がチームの知、組織の知となり、再び個に還る。個と組織がともに無限に知識を作り上げて、ひいては社会の知を豊かにしていくモデルである』ということを言っている。市村さんは、60年も前にこういうことをやっていたのです。ブレインストーミングの中で知識創造をしていました。やはり、いかに人の話に共感するか、人の意見を聞くかが大事なんです。人の意見を聞かなくなったリーダーはダメですね」

近藤は、知識創造とイノベーションはイコールだと考える。

未来のオフィスは、知識創造オフィスにならないといけない。それが、事業に新しい価値をもたらすイノベーションを起こす拠点となる。オフィスでの事務作業は、リコーのようなソリューションサービスを行う会社に任せる。事務作業はいっさい不要となる。オフィスは新しいビジネスを創造する、あるいは新しい金儲けのことだけを考える——そういう場にしたいと、近藤は言うのである。

情報コミュニケーション時代に挑む

近藤史朗は、「これからどういう社会を創っていくか。そのためには、われわれはどういうことをしなければいけないか」ということを考え抜いている。

1990年代前半のアナログ時代に、近藤は、ファクシミリという情報を伝達する機能を持つOA機器の上に、複写機、スキャナー、プリンターの各機能を搭載した。近藤史朗は複写機を事務機とは見ていない。「情報コミュニケーションのツール」と捉えてきた。

そのまなざしは、いまも変わらない。近藤は、情報コミュニケーションのシステムはこれからどんどん進化していくと考えている。これから10年先の情報社会をどのように変えようかと、考えている。

テクノロジーが時空を超えていく時代と位置づけているのである。

世界的なスマートフォンの普及により、コンピュータのビッグバンが起こった。つまり、すべての機器が「頭脳」と「ネットワーク力」を持つようになる。すでに時間や空間を飛び越えたコミュニケーションが可能になっている。

近い将来、機器自身がＡＩ（人工知能）により、使われ方を記憶して、上手な使い方を提案する時代が来ると考えている。

たとえば、いまリコーで開発、生産している製品のＩｏＴ（Internet of Things：モノのインターネット）や未来の顧客価値を想像するだけでも、大きなイノベーションのチャンスが広がってくる。リコーの強みは、強固な「顧客接点力」と「技術力」である。技術力の側面から未来を展望すると、「知識創造オフィス」の実現に向けての方策を考えるだけでも、まだまだ「私たちにできることは、たくさんある」という。

近藤史朗は、ＡＩが変えるビジネスの未来についてこう考えている。

ＡＩが代替する業務とは何か。ＡＩの利用で自動化可能なのは、「識別・予測・実行」に関する業務である。ＡＩと人間の棲《す》み分けは、①ＡＩには意思がない、②ＡＩは人間のように知覚できない、③ＡＩは事例が少ないと対応できない、④ＡＩは問いを生み出せない、⑤ＡＩは枠組みのデザインができない、⑥ＡＩにはヒラメキがない、⑦ＡＩは常識的判断ができない、⑧ＡＩには人を動かす力、リーダーシップがない、と近藤は見ている。

経営資源は、「ヒト・モノ・カネ」に加えて、「ヒト・データ・キカイ」となる。ＡＩは、マネジメントの概念を変革する。従来は、ヒト・モノ・カネの経営資源を何に投入するかであったが、人間はどこで価値を生み出し、キカイとデータにはどこを任せるべきかが問われる時代が来る、と予測している。

人と違うものを作る

「いまの経営者はたいへんだ」といわれるのは、加速度的な変化を読まなくてはいけないからだ。これからどのように変化するのか、先を読み取ろうとする。ところが、現実にはなかなか読み取れない。

近藤史朗は、先を読むのではなく、先を創ろうとする経営者である。

要するに、受動的に世の中、社会の変化を読むのではない。環境の変化、社会の変化を受け身で考えるのではなく、社会の変化、環境の変化をみずからが創り出すことに経営者の使命があるという。

そこに、近藤史朗という、経営者としての値打ちがある。近藤史朗は、変化を当事者として創り出そうとしているのである。

では、近藤史朗は、どうやって未来の変化を創るのか。

多くの会社は、マーケティング中心の経営戦略を展開している。つまり、顧客の声を聞いて、それを商品開発、販売政策、サービスの政策に結びつけている。確かに、顧客の声を聞き、顧客の満足度を知ることは、流通、航空、運輸、金融、生損保などのサービス産業では不可欠である。顧客が何を求めているかを追求しなければ、顧客が満足するサービスを提供できない。

しかし、製造会社として必要なのは、現在の技術の延長線上にある技術ではなく、プロダクトアウト的な製品（開発者が独自に創造する商品）である。新しい製品を開発するときに市場調査など必要ないと考えている。社会に新しい価値を創造し、社会を変えるイノベーションは、マーケティングからは生まれないというのが、近藤の哲学である。

「創業者の市村さんは、新しい市場を作ることを常に考えていました。新たなマーケットを作っていく。売れる、売れないということではなく、マーケットを作り出すという考えでした。よくコンサルタントの人間に言わせると、『こんな商品を出してもね、全然ダメだよ』とか、『まだ売れてないから、こんなものやらないよ』と、そういうことを言う。また、ちょっと知識のある経営者は、『こんなものは売れないよ』と、『市場が小さいからダメだよ』と。そういうふうにおっしゃるんですが、実は新しいものにはマーケットを作るということをやらないといけない。それをやりきったのが市村さんだろうな、と思いますね」

そして近藤は、こう警鐘を鳴らすのである。

「日本企業は、テレビ、ビデオ、オーディオと、みんな横並びで作ってきた。人と違うものを作るということを、忘れてしまっているのです」

事業再構築と成長を同時進行させた経営者

近藤史朗は、社長在任期間6年間で、意識改革、構造改革を断行し、V字回復を達成した。

近藤の改革の肝は、前述したように、Restructuring（事業再構築）とGrowth（成長）を同時進行させたところにあった。企業のリーダーとして、構造改革の目的とその意義を全社員に示し、共有させ、全社員を一つにまとめて改革に向かわせた。

近藤がそうした構造改革を成し遂げようとしたのは、それを行うことが「経営者の責任である」と考えたからだ。

では、近藤の「経営者の責任」という認識はどこから生じたのだろうか。

サラリーマン経営者の中で、「志」や「夢」を抱いて入社し、トップにまで上り詰めた経営者はそう多くはないだろう。

創業経営者、オーナー経営者は、「志」を立て、「夢」を描いて、あるいは「夢」や「志」を内在させて、会社を興すケースが多い。リコーの創業者・市村清も例外ではない。しかし、サラリーマン経営者は、「志」「夢」を持って、会社に入社したという人は少ない。いないわけではないが、ごく稀《まれ》だ。

では、そんなサラリーマン経営者に自分を律するものがあるとすれば何か。

私は、先に述べた「使命感」だと考える。

使命感とは、「世のため、人のため」「顧客のために尽くす」という思想からくる思いだ。

近藤の場合、経営者としての責任意識は、リコーの自由闊達《じゆうかったつ》な「企業風土」の中で育まれたということができる。

近藤には、ヒラ社員の頃から、自由奔放にやりたい放題やらせてもらい、たびたび上司とぶつかったが、仕事を評価してもらい、課長、部長へと昇進することになった、という会社への感謝の気持ちがある。それも強い気持ちである。会社に対する強い思いが近藤の「エネルギーの源」になっていると私は考える。

近藤はこう語っている。

「私は若いころ、仕事のことで上司とよくぶつかりました。いま思えば、若気の至りという面もありますが、基本的には『納得するまで話し合う』という私の信条を通してきたのだと思っています。当時の上司にしてみると〝元気すぎる〟存在だったかもしれませんが、私の熱い思いが通じたのか、その後もさまざまな仕事、重要な役割を任せてもらうことができました。(中略)ときにはぶつかり合いながらも、やりがいを感じられる仕事の場を与えてもらえたおかげで、私はリコーという会社にますます愛着を覚えていきました。会社や組織への愛着は、上司を含めた周囲の影響も大きいでしょう」(小冊子「近藤会長のメッセージ」より)

近藤の「責任意識」や「使命感」は、その愛社精神(ロイヤルティ)、会社への愛着から生まれたと言っても過言ではない。

社員のロイヤルティは、モチベーションや士気を高め、それが業績に反映され、待遇がよくなり、その結果、さらにロイヤルティが高まるという正のスパイラルの基点になる。リコーという市村清が創業した会社は、そういう好循環の企業風土が根づいているといえる。

リコーは2016年に創立80周年を迎えたが、企業風土は風化していない。近藤こそ、まさに市村清が興したリコーの生んだ〝経営者〟であるということができよう。

起業家精神なきサラリーマンはいらない

もう一つ、特筆すべき点は、近藤史朗は、「起業家志望」であったことだ。これは彼のサラリーマン人生の中で、その生き方を律する大きな要素であった。

近藤は、大学時代は就職せずに起業したいと考えていた。

前述したように、姉の嫁ぎ先である東京都世田谷区にある電子部品会社でアルバイトしながら、「俺も、義兄のように独立して会社を興したい」と密かに「志」を立てていた。大学の先生に反対されたため、リコーに就職することになったが、もし、反対されなければ、起業家への道を歩んでいたかもしれない。

そんな近藤だから、リコーに入社してからも、起業への夢は持ち続けた。「いつか独立してやるぞ」。そのために開発現場では、常に自分が会社を運営する社長の立場に立って、どういう製品を開発すれば市場に受け入れられるのか、どういう顧客を対象に開発するか、顧客が喜び売れる製品とは何か、顧客が困っていることは何か、価格はどうするか、コストはどれくらいならかけられるのか、販売はどうするか――。そうやって「どう儲《もう》けるか」を考えながら、仕事に携わってきた。一介の社員でありながら、近藤は経営者としてのまなざしをずっと持ち続け、経営者の目線で、開発のあり方、生産の課題、営業マンの士気を捉え、マーケットの動向を見ていたのである。

近藤は技術者である。その近藤が若い頃から、「利益が出ないのは事業ではない」という信念を持っていたのは、設計を、技術を、原価を起業家の目で見ていたからにほかならない。近藤は、新製品を開発する際も、上司の言いなりに動くほかの社員とは違っていた。近藤が方々《ほうぼう》で上司とぶつかったのは、社長の目で開発を捉え、技術を見つめ、商品を評価していたからである。

「イノベーションとは、顧客への新たな価値を創造するものであり、社会に新しい価値をもたらすものでなければならない」

近藤の信念は、新人の頃に培《つちか》われていたのである。

サラリーマン経営者・近藤のビジネス人生を振り返ると、近藤の生き方は、組織に対する個の生き方の問題として捉えることができる。

組織に埋《うず》もれた生き方をするか、あるいは人と組織を動かす生き方を選ぶか、である。サラリーマンとして小さく生きるか、あるいはダイナミックに生きるかともいえる。

時間を捧《ささ》げる対価として給与を受け取る「サラリーマンという生き方」を選択する人には、厳しいであろう。そういう人たちは、自分にとってのメリット、デメリットを考えて「得になりそうなこと」ばかり選んでいるからである。

ここで考えたいのは、同じサラリーマンでも、将来、起業を志す人と、そうでない人とでは、同じ仕事をしても真剣さが違うということだ。経営者になったときのことを想像しながら、判断し、行動する人。一方、何も考えないで、今日も明日も、ただ毎日、ほかの人と歩調を合わせて同じことをやる人。どちらが幸せであるか、答えは出ている。

私たちは、技術系経営者、近藤の生き方から多くのことを学ぶことができる。

人間的魅力という「原点」

本書を通して、「経営者としての近藤史朗」を見てきた。

最後に、人間という側面から、近藤史朗を見ていきたい。

近藤はみずから語っているように、若い頃から、生意気で、自分の主義主張を通してきた。自分の主張が上司に受け入れられなければ、受け入れられるまで、何度も上司を説得した。その近藤の粘り腰に、たいていの上司は折れてしまった。折れない上司には、遠ざけられた。あるいは罰を与えられた。

見逃せないのは、それでも、近藤のことを悪く言う上司はいないということである。私はいろいろな元上司に近藤評を聞いたが、異口同音《いくどうおん》に、「彼のバイタリティには頭が下がる」「一度決めたらブレずにやり抜く」「憎めない人だ」「人間的に可愛い人だ」「子どものような純真さがある」……ｅｔｃ．と答えたものだ。

前述した通り、近藤は率直である。

損得でモノを言ったりしない。思ったことを率直な口調、率直な態度で言う。そこには、自分をよく見せたいとか、よく思われたいといった気持ちは微塵《みじん》も感じられない。だいたい自分に対する評価を気にしない。

組織にとって、言うべきことを言うことの効果は大きい。言うべきことを言わなければ、いいアイデアや迅速《じんそく》な行動が邪魔される。しかし、率直に言える環境であれば、多くのアイデアが出てきて、議論され、分析され、改善されるのである。さらに、そのプロセスに関わるみなが率直であることで、スピードが出てくる。

近藤は、相手を慮《おもんぱか》らない人ではないことは、前述した通りだ。相手の気持ちを汲《く》んだうえで、率直に言うべきことは言うのである。決して他人のプライドを傷つけるような言動はしない。しかも、近藤が率直に言った相手は、たいていが上司であった。

近藤史朗は、情《なさ》け深《ぶか》い人間である。

1996年12月、〝事件〟が起こった。大プロジェクトが仕上がった直後、プロジェクトを支えてくれた部下がふたり、退職してしまったのだ。このプロジェクトを推進してきた近藤にとっては痛恨事であったが、ふたりは複写機部門育ちで、ファクシミリ出身の近藤流の強引な開発手法に反発したためだと周囲は受け止めた。

当時、近藤は、東京・大森事業所に発足した初のデジタル複写機を開発するチームのプロジェクトリーダーだった。その要求は厳しく、メンバーに次から次へと宿題を出し、徹底的に知恵を絞り出させた。特に、「どう売るか」「どう儲けるか」を追求していた近藤は、コスト削減には妥協がなかった。30代前半の頃の失敗が近藤の頭から離れなかった。

近藤は、最後は泊まり込みも厭わない。結果、部下たちも付き合わざるをえなくなる。作業場や会議室に並べた椅子がベッド替わりだ。床に段ボールを敷《し》いて寝る者もいた。

部下の退社は、精神的に応えた。こうした「近藤流」が原因かと、自分を責めた。近藤はふたりを訪ね、会社に戻って欲しいと言ったという。しかし、答えは「ノー」だった。

だが、その後も、近藤はふたりに連絡を取り続け、関係は継続した。うち一人は、「プリンター事業を立ち上げるので手伝って欲しい」と話を持ちかけ、およそ1年後に復社したという(『プレジデント』2009年8月31号より)。

近藤は、部下に対して、充実した時間を過ごして欲しいと願い、達成感を味わう機会を作りたいと思っている。それが、上司である自分の役割であると考えている。部下へのお役立ちだ。自分が部下にきついことを言うのは、会社のためだけではなく、部下に幸せになって欲しいと思う気持ちからだった。そこまで部下のことを思う上司は世の中に多くはないが、近藤はその一人である。

もう一つ、近藤がみんなから好感を持たれているのは、笑顔がいいところだろう。笑うと、人好きのする朗らかな表情になり、人の好《よ》い印象を与える。人は、笑顔を見せられると、安心して付き合うことができる。思わず胸襟を開いてしまうこともある。

かつて私が身近に接したダイエー創業者の中内㓛《なかうちいさお》の笑顔がそうだった。普段は怒ったようにブスッとしているが、笑うと、思わず引き込まれそうな笑顔になるのである。その笑顔で、中内に「してやられた」という人は多い。

私はこれまで多くの創業経営者、オーナー経営者に会ってきたが、東急グループ総帥の五島《ごとう》昇《のぼる》、ワコール創業者の塚本幸一《つかもとこういち》、ソニー2代目社長の盛田昭夫《もりたあきお》、トヨタ自動車6代目社長の豊田章一郎《とよだしょういちろう》、セコム創業者の飯田亮《いいだまこと》などは、よい笑顔を作り出す〝名人〟だった。

近藤が、課長、部長、役員へと順調に昇進していったのは、実績や成果だけを評価されたわけではない。「率直さ」と「笑顔」のせいだと私は思う。


近藤は、自然が大好きである。

新潟の田舎で育った近藤は、子どもの頃から、野山を駆《か》け回って遊んでいた。夏は海と川で泳ぎ、冬は山でそりやスキーで遊んだ。近藤にとっては、自然こそが楽しい時間を与えてくれる遊び相手だったのである。

大学時代には、自然との〝交流〟が高じて、ワンダーフォーゲル部に入り、登山に夢中になった。踏破《とうは》した名山は、30を超えるだろう。

リコーに入社してからも、神奈川県厚木市にある自宅の近くに100坪の畑を借りて、野菜作りに興じている。2015年には、静岡県の天城《あまぎ》高原に山小屋を建て、休日になるとそこへ行って、野菜作りに精を出している。

近藤は、とことんやらないと気が済まない質《たち》だ。一度興味を持ち始めると、どんどん深みにはまっていく。野菜作りを始めた動機は単純で、「うまいものを食べたいという一念からでした」と語っている。

「スーパーマーケットで買ってくることもできますが、どうせならば自分で作り、穫《と》れたてを食べてみたいと思ったのです。手塩にかけて育てた作物をみずから収穫し、口にしたときの感激はいまでも忘れません。

（中略）今度は料理にも興味を持ち始めました。収穫物をおいしく食べるにはどう調理すればいいのか、ちょっと興味が湧いてきたのです。一度興味を持ち出すとどんどん深みにはまっていくのが私の性格。ついには、調味料の味噌まで自分で作り始めるようになりました。（中略）いざ究《きわ》めようとすると難しく、奥が深い。だからこそ、知らず知らずのうちにのめり込んでいってしまうのだと思います。

鮎釣りや登山、スキーといったほかの趣味も同様です」（「近藤会長のメッセージ」より）

近藤は、遊ぶときは、徹底して遊びに没頭《ぼっとう》する。真剣に遊ぶ。

かつて私は、毎年5月になるとカジキマグロ釣りに出かけるセコム創業者の飯田亮に、「遊びはリフレッシュするためですか」と聞いたことがある。飯田は、「リフレッシュのためなんかではない。真剣そのものだよ。遊び感覚じゃ、カジキマグロに失礼だろう。仕事も遊びも一生懸命にやることが大事だと思う」と答えた。

近藤も、鮎釣りや山登り、野菜作りは、「リフレッシュではない」と考えている。遊ぶために仕事をしているのだというのである。遊びにも、一途なエネルギーを発揮する。だから近藤は、仕事も、エネルギーを集中させてやることができるのだと私は考える。

近藤は、昔から「自立心」が強い。

近藤は、9人きょうだいの8番目として、家族のみなにかわいがられて育った。戦後の復興期の貧しい中、近藤はほかのきょうだいと同じように、親の一生懸命に働く姿を見ながら育った。親の働く姿からいろいろなことを学んだ。

大家族の中で、近藤はなにごとも、自分一人でやらなければならなかった。父親は父親としての役割があり、母親は母親としての役目がある。同様に、長男は長男として、次男は次男として、長女は長女としての、それぞれの役割があるように、近藤も両親やほかのきょうだいに迷惑をかけないよう、自分一人でやるという使命があると考えた。

近藤の自立心が生まれたのは、そうした大家族の家庭環境からだった。(おわり)

撮影　中野和志
ブックデザイン　岩間良平（トリムデザイン）
協力　株式会社リコー

大塚英樹（おおつか・ひでき）

1950年、兵庫県に生まれる。テレビディレクター、ニューヨークの雑誌スタッフライターを経て、1983年に独立してフリーランサーとなる。以来、新聞、週刊・月刊各誌で精力的に執筆活動を行い、逃亡中のグエン・カオ・キ元南ベトナム副大統領など、数々のスクープ・インタビューをものにする。現在は、国際経済を中心に、政治・社会問題などの分野で幅広く活躍する。これまで500人以上の経営者にインタビューし、とくにダイエーの創業者・中内㓛には、1983年の出会いからその死まで密着を続けた。

著書には『社長の危機突破法』（さくら舎）、『流通王――中内㓛とは何者だったのか』『柳井正 未来の歩き方』（以上、講談社）、『「距離感」が人を動かす』『続く会社、続かない会社はNo.2で決まる』（以上、講談社＋α新書）などがある。

作《つく》らずに創《つく》れ！

イノベーションを背負った男、リコー会長・近藤史朗

2017年1月19日　第1刷発行
2017年2月 8 日　第2刷発行

著　者　大塚英樹《おおつかひでき》

発行者　鈴木　哲
発行所　株式会社講談社
東京都文京区音羽2丁目12-21　〒112-8001
電話　編集03-5395-3522
販売03-5395-4415
業務03-5395-3615
印刷所　慶昌堂印刷株式会社
製本所　株式会社国宝社
本文図版　朝日メディアインターナショナル株式会社

ISBN978-4-06-220441-5